Wissenschaftliche Taschenbücher WTB

Biologie

Eberhard Hofmann

Grundlagen der Molekularbiologie und Regulation des Zellstoffwechsels

Dynamische Biochemie

Teil IV

Akademie-Verlag · Berlin
Pergamon Press · Oxford
Vieweg + Sohn · Braunschweig

WTB Wissenschaftliche Taschenbücher

ROLF BORSDORF / MANFRED SCHOLZ
Spektroskopische Methoden in der organischen Chemie

WERNER HABERDITZL
Magnetochemie

GERHARD HEBER
Mathematische Hilfsmittel der Physik, Teil I und II

A. A. SOKOLOW
Elementarteilchen

HEINZ AHRENS
Varianzanalyse

HANS-JÜRGEN TREDER
Relativität und Kosmos
Raum und Zeit in der Physik, Astronomie und Kosmologie

ALBERT EINSTEIN
Grundzüge der Relativitätstheorie

ALBERT EINSTEIN
Über die spezielle und die allgemeine Relativitätstheorie

GÜNTHER LUDWIG
Wellenmechanik, Einführung und Originaltexte

HARRY PAUL
Lasertheorie, Teil I und II

FRANZ RUDOLF KESSLER
Einführung in die physikalischen Grundlagen der Kernenergiegewinnung

EBERHARD HOFMANN
Eiweiße und Nucleinsäuren als biologische Makromoleküle
Dynamische Biochemie, Teil I

EBERHARD TEUSCHER
Pharmakognosie, Teil I und II

D. TER HAAR
Quantentheorie. Einführung und Originaltexte

J. H. SANDERS
Die Lichtgeschwindigkeit. Einführung und Originaltexte

JEAN KUNTZMANN
Unendliche Reihen
Mathematische Hilfsmittel der Physik und Chemie
Mit 94 Übungen und 29 Aufgaben

JEAN KUNTZMANN
Systeme von Differentialgleichungen
Mathematische Hilfsmittel der Physik und Chemie
Mit 88 Übungen und 40 Aufgaben

JEAN KUNTZMANN
Komplexe Veränderliche
Mathematische Hilfsmittel der Physik und Chemie
Mit 90 Übungen und 37 Aufgaben

FERDINAND CAP
Einführung in die Plasmaphysik
I. Theoretische Grundlagen
— insgesamt 3 Bände —

J. A. ROSANOW
Wahrscheinlichkeitstheorie

HARRY PFEIFER
Theorie linearer Bauelemente
Elektronik für den Physiker I

HARRY PFEIFER
Die Elektronenröhre
Elektronik für den Physiker II

HARRY PFEIFER
Schaltungen mit Elektronenröhren
Elektronik für den Physiker III

HARRY PFEIFER
Leitungen und Antennen
Elektronik für den Physiker IV

HARRY PFEIFER
Mikrowellenelektronik
Elektronik für den Physiker V

HARRY PFEIFER
Halbleiterelektronik
Elektronik für den Physiker VI

SIEGFRIED HAUPTMANN
Über den Ablauf organisch-chemischer Reaktionen

GERHARD HÜBNER / KLAUS JUNG / ECKART WINKLER
Die Rolle des Wassers in biologischen Systemen

STEPHEN G. BRUSH
Kinetische Theorie, Teil I und II

EBERHARD HOFMANN
Enzyme und energieliefernde Stoffwechselreaktionen
Dynamische Biochemie, Teil II

HERBERT GOERING
Elementare Methoden
zur Lösung von Differentialgleichungsproblemen

PETER KRUMBIEGEL
Isotopieeffekte

D. M. BRINK
Kernkräfte. Einführung und Originaltexte

DIETER ONKEN
Steroide
Zur Chemie und Anwendung

HEINZ GEILER
Ökologie der Land- und Süßwassertiere

ARTHUR P. CRACKNELL
Angewandte Gruppentheorie. Einführung und Originaltexte

DIETER KLAUA
Elementare Axiome der Mengenlehre

EBERHARD HOFMANN
Intermediärstoffwechsel
Dynamische Biochemie, Teil III

GÜNTER TEMBROCK
Grundlagen der Tierpsychologie

J. F. VINSON
Optische Kohärenz in der klassischen Theorie und in der Quantentheorie

W. R. HINDMARSH
Atomspektren, Einführung und Originaltexte

GÜNTER TEMBROCK
Biokommunikation
Informationsübertragung im biologischen Bereich
Teil I und II

ADOLF ZSCHUNKE
Kernmagnetische Resonanzspektroskopie in der organischen Chemie

DIETER MERKEL
Riechstoffe

JOHN CUNNINGHAM
Vektoren

FERDINAND CAP
Einführung in die Plasmaphysik
III. Magnetohydrodynamik

EBERHARD HOFMANN
Grundlagen der Molekularbiologie und Regulation des Zellstoffwechsels
Dynamische Biochemie, Teil IV

Vorschau auf die nächsten Bände:

GEORG DAUTCOURT
Relativistische Astrophysik

FERDINAND CAP
Einführung in die Plasmaphysik
II. Wellen und Instabilitäten

ERNST SCHMUTZER
Symmetrien und Erhaltungssätze der Physik

MICHAEL GÖSSEL
Angewandte Automatentheorie, Band I
Grundbegriffe

MICHAEL GÖSSEL
Angewandte Automatentheorie, Band II
Lineare Automaten und Schieberegister

GÜNTER ZUMPE
Angewandte Mechanik

HEINRICH KINDLER
Der Regelkreis. Eine Einführung

WTB

BAND 110

Eberhard Hofmann

Grundlagen der Molekularbiologie und Regulation des Zellstoffwechsels

Dynamische Biochemie IV

2., völlig überarbeitete Auflage

Mit 40 Abbildungen

AKADEMIE-VERLAG · BERLIN

PERGAMON PRESS · OXFORD

VIEWEG + SOHN · BRAUNSCHWEIG

Reihe BIOLOGIE

Herausgeber:
Prof. Dr. H. Borriss, Greifswald
Prof. Dr. E. Hofmann, Leipzig
Prof. Dr. J. O. Hüsing, Halle/Saale
Prof. Dr. M. Klinkowski, Aschersleben
Prof. Dr. W. Schwartz, Hamburg

Verfasser:
Prof. Dr. Eberhard Hofmann
Leipzig

ISBN 3 528 06110 3

1972

Lizenznummer: 202 · 100/510/72
Herstellung: VEB Druckhaus „Maxim Gorki", 74 Altenburg
Bestellnummer: Akademie-Verlag 7110 EDV: 76 1609 9
Pergamon Press 08 017280 6
Vieweg + Sohn 6110
Printed in German Democratic Republic

Inhaltsverzeichnis

1. Strukturelemente der Zelle

Die Existenz verschiedener *subzellulärer Struktureinheiten* (Zellorganellen) innerhalb einer Zelle stellt eine wichtige Voraussetzung für den geordneten Ablauf der vielfältigen und mannigfach miteinander verbundenen intrazellulären Stoffwechselreaktionen dar. Durch die räumliche Trennung *miteinander* und häufig auch *gegeneinander* ablaufender Prozesse besitzt die Zelle eine wichtige Möglichkeit zur *Regulation* ihrer *Stoffwechselvorgänge.* Diese räumliche Trennung wird sowohl ermöglicht durch die Bindung von Enzymen an bestimmte Strukturen (strukturgebundene Enzyme), als auch durch Einschluß löslicher Enzyme in bestimmte Strukturelemente. Ebenso wie zwischen Zelle und umgebendem Medium bestehen auch zwischen den Substrukturen der Zelle spezifische Permeabilitätsschranken, die nicht nur zu einer ungleichen Verteilung von Makromolekülen (z. B. Enzymen), sondern auch von niedermolekularen Substanzen zwischen den einzelnen Zellabteilungen führen können. Die selektive Durchlässigkeit der intrazellulären Membransysteme sowie aktive Transportvorgänge, die an diesen Membranen ablaufen können, stellen weitere Möglichkeiten für die ungleiche Verteilung verschiedener Stoffe innerhalb der Zelle dar. So wird es möglich, daß abbauende Vorgänge und Synthesen gleichzeitig und nebeneinander in ein und derselben Zelle ablaufen können. Da auch die Zellbestandteile selbst keine statischen Elemente darstellen, sondern einem ständigen Umbau unterliegen, entstehen auch von dieser Seite aus vielfältige Möglichkeiten für die Regulation des Zellstoffwechsels.

1.1. Allgemeiner Aufbau einer Zelle

Die heutigen Vorstellungen vom Aufbau der Zelle stammen aus den klassischen cytologischen Untersuchungen, den elektronenmikroskopischen Untersuchungen der jüngeren Zeit, sowie aus der Untersuchung isolierter Fraktionen aus Zellhomogenaten. In Abb. 1 ist ein allgemeines Schema der Organisation einer Zelle dargestellt. Die Zelle ist nach außen hin durch eine *Zellmembran* abgeschlossen. Innerhalb der Zelle ist ein kommunizierendes *Membransystem*, das *endoplasmatische Reticulum*, ausgebildet. Dieses führt einerseits an die Zellmembran heran und ist andererseits auch mit der Membran des Zellkerns verbunden. Der Zellkern selbst ist ebenfalls von einer Hülle, der *Kernmembran*, umgeben. Auf den Membranen des endoplasmatischen Reticulums sind die Ribosomen angeordnet. In enger Beziehung mit dem endoplasmatischen Reticulum steht der GOLGI-Apparat, welcher in vielen tierischen Zellen enthalten ist. In die strukturlose Zellflüssigkeit, dem Cytoplasma oder Hyaloplasma, sind die Mitochondrien eingelagert. Tafel 1/1[1]) zeigt das elektronenmikroskopische Bild einer Leberzelle als Beispiel für eine tierische Zelle. In den Tafeln 2/1, 2/2 und 3/1 sind elektronenmikroskopische Bilder von Bakterienzellen dargestellt. Die pflanzlichen Zellen sind gegenüber den tierischen Zellen vor allem durch den Besitz einer mehr oder weniger dicken cellulosehaltigen Zellwand (Tafel 1/2) ausgezeichnet. Außerdem enthalten die meisten pflanzlichen Zellen Plastiden, die in Form der Chloroplasten bei den grünen Pflanzen in großen Mengen im Cytoplasma enthalten sind. Häufig sind pflanzliche Zellen auch durch große, mit Zellsaft (eiweißfreie Flüssigkeit) gefüllte Vakuolen ausgezeichnet.

Neben den bisher erwähnten Strukturen sind eine ganze Reihe weiterer Zellbestandteile nachweisbar.

---

[1]) sämtliche Tafeln befinden sich im Anhang

Viele Zellen zeigen spezielle Strukturen, die mit ihren spezifischen Leistungen in Beziehung stehen (z. B. Muskel- und Nervenzellen). Demgegenüber existieren auch viele Zellen, vor allem bei Mikroorganismen, bei

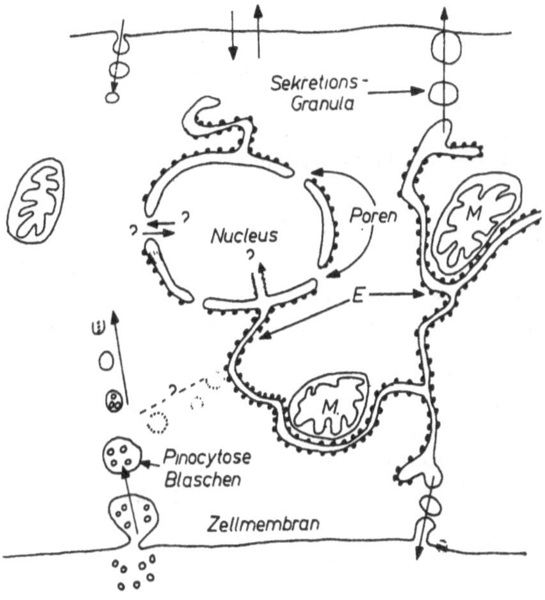

Abb. 1 · Zellschema nach SIEKEVITZ.
E = ergastoplasmatisches Reticulum; M = Mitochondrien

denen bestimmte Zellorganellen nicht in ihrer typischen Ausbildung vorhanden sind oder unter Umständen vollständig fehlen können. So findet man in Bakterienzellen nur Kernäquivalente, Bakterienzellkerne, die in einer sog. Kernvakuole liegen (Tafel 2/1, 3/1). Anstelle von Mitochondrien sind in der Nähe der Zellmembran liegende Membranbildungen vorhanden, die als Mitochondrienäquivalente bezeichnet werden (Tafel 2/2).

1.2. *Methoden zur Untersuchung von Struktur und Funktion subzellulärer Zellbestandteile*

Die rasche Zunahme unserer Kenntnisse über die Struktur und Funktion der Zellen in den letzten Jahren ist vor allem auf die Anwendung und Kombination morphologischer, insbesondere elektronenmikroskopischer und biochemischer Methoden, vor allem der Zellfraktionierung, zurückzuführen.

Im folgenden sollen die wesentlichen Untersuchungsmethoden erwähnt werden.

1.2.1. *Lichtmikroskopie und Ultramikromethoden*

Mit der erstgenannten Methode gelingt die Feststellung von Strukturen, die sich durch ihre Lichtbrechung unterscheiden. Ein Sonderfall der Lichtmikroskopie ist die *Mikroskopie mit monochromatischem Licht*, mit deren Hilfe Strukturen festgestellt werden können, die Absorptionsmaxima bei bestimmten Wellenlängen des sichtbaren Lichtes besitzen. Ein weiterer Sonderfall der Lichtmikroskopie ist die *Ultraviolettmikroskopie*. Diese Methode, die in ihrer einfachsten Form in der Messung der Absorption von UV-Licht durch Aufnahmen auf photographische Platten besteht, besitzt besondere Bedeutung hinsichtlich der Feststellung und Lokalisierung der Nucleinsäuren (S. 130, Teil I). Die Nucleinsäuren zeigen bei 260 nm ein Absorptionsmaximum, während die Eiweiße ein Maximum bei 280 nm aufweisen. In Verbindung mit histochemischen Methoden haben diese Messungen durch Caspersson und Brachet zu wesentlichen Erkenntnissen über die Lokalisation der DNS und RNS sowie zu Einblicken in die Funktionen dieser Substanzen im Leben der Zelle geführt.

Durch Benutzung des Mikroskops als Ultramikrospektrophotometer ist es gelungen, die durch einzelne cytologische Strukturen verursachte Lichtschwächung zu messen (Mikroskopspektrophotometrie, Abb. 2) und

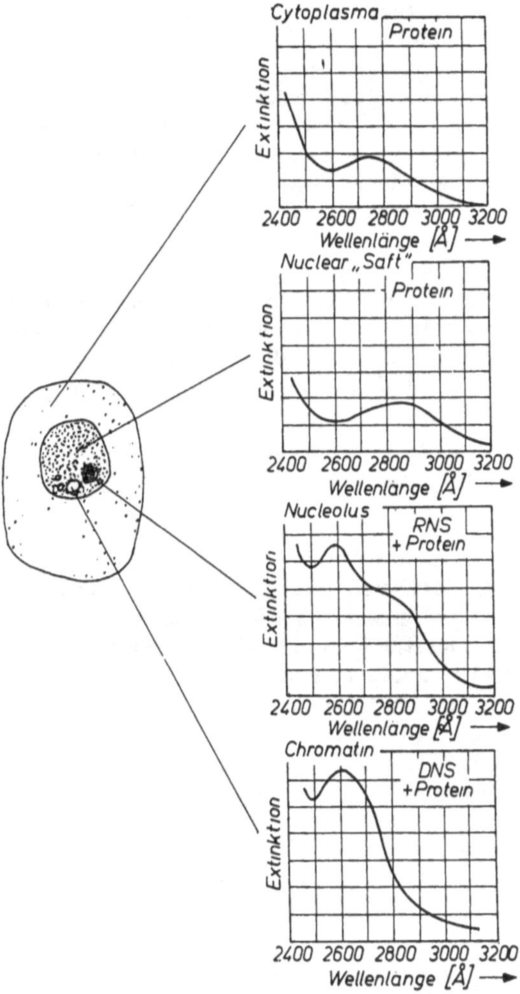

Abb. 2: Cytophotometrie einer Einzelzelle im UV-Spektralbereich. Die einzelnen Absorptionskurven zeigen die unterschiedliche Verteilung der Nucleinsäuren und des Proteins innerhalb der Zelle (nach Caspersson)

damit innerhalb gewisser Grenzen Aussagen über die Konzentrationen verschiedener Zellbestandteile zu machen.

In diesem Zusammenhang müssen auch die Ultramikromethoden, wie sie von LOWRY, LINDERSTRÖM-LANG, HOLTER u. a. angegeben worden sind, erwähnt werden. Mit Hilfe dieser Methoden ist es möglich, z. B. die Atmung einer einzelnen Zelle, die Atmung weniger Mitochondrien sowie die Enzyme, Cofaktoren und Substrate einer einzigen Zelle nachzuweisen und zu bestimmen. Die Stoffmengen, die mit diesen Methoden meßbar sind, liegen in der Größenordnung von 10^{-12} g! Im Prinzip ist es mit diesen Methoden möglich, einige wenige Moleküle eines bestimmten Enzyms in einer Zelle nachzuweisen.

1.2.2. Histochemische und cytochemische Methoden

Die *Histochemie* hat sich in den letzten Jahrzehnten zu einer weitverbreiteten Methode entwickelt. Sie besteht in der Durchführung mehr oder weniger spezifischer chemischer und biochemischer Reaktionen (z. B. Fermentnachweise) in Gewebsschnitten oder Zellen und nachfolgender Darstellung der Reaktionsprodukte in Form geeigneter Präzipitate. Unter Beachtung bestimmter Vorsichtsmaßregeln, vor allem hinsichtlich Spezifität der benutzten Reagenzien und kritischer Beurteilung der Lokalisierung von Farbniederschlägen in den dargestellten Strukturen, ist die Methode zur Lokalisierung verschiedener Substanzen in der Zelle geeignet. Diese Methode ermöglicht die Lokalisierung von Enzymen innerhalb der Zelle im mikroskopischen Bild.

1.2.3. Elektronenmikroskopie

Da dem Auflösungsvermögen des Lichtmikroskopes durch die Wellenlänge des Lichtes Grenzen gesetzt sind, ist die Erkennung von Strukturen nicht möglich, die kleiner als diese sind. Durch die Verwendung von gebündelten Elektronenstrahlen gestattet das Elektronenmikroskop eine Auflösung, die weit unterhalb der des Lichtmikroskopes liegt und ihre Grenze etwa bei 1 nm findet. Man ist dadurch in der Lage, Makromoleküle und Molekülverbände zu erkennen.

1.2.4. Anwendung von Röntgenstrahlen

Weiche Röntgenstrahlen dienen in der Cytochemie zur Bestimmung der Massenverteilung innerhalb der Zelle. Mit Hilfe der Röntgenstrahlung ist es möglich, periodische Strukturen auf intramolekularem Niveau feststellbar zu machen, d. h. Strukturen, die selbst durch das Elektronenmikroskop nicht mehr sichtbar gemacht werden können.

1.2.5. Autoradiographie

Die Autoradiographie stellt eine sehr wertvolle Technik dar, mit deren Hilfe es möglich ist, einzelne Zellbestandteile spezifisch zu markieren und deren Lokalisierung sowie intrazelluläre Umlagerung und ihren Transport zu verfolgen. Das Prinzip der Methode besteht darin, daß die Zellen mit den entsprechenden isotopenmarkierten Substanzen behandelt, nach erfolgtem Einbau fixiert und mit einer photographischen Emulsion bedeckt werden. Die ionisierenden Strahlen reduzieren das Silber in der photographischen Emulsion. Nach Entwicklung und Fixierung geben die Silberkörnchen ein Maß für die Menge und die Lokalisierung des Isotops innerhalb der Zelle. Besonders gut für derartige Studien sind weiche Strahler geeignet, z. B. Tritium, welches auf Grund seiner geringen Reichweite sich nur ein Mikron weit in der photographischen Emulsion ausbreitet. Eine quantitative Aussage hinsichtlich Lokalisation und Verweildauer des Isotops hängt bei dieser Methode in hohem

Maße von der verwendeten Technik, der Geometrie des Objekts, der Art des Isotops und der verwendeten Photoemulsion ab. Ein Beispiel für die Leistungsfähigkeit des Verfahrens gibt Tafel 4/2.

1.2.6. Zellfraktionierung

Diese Technik stellt eine sehr verbreitete Methode dar. Sie wurde von Claude und Behrens eingeführt. Im Prinzip besteht die Methode in zwei Schritten: 1. Zerstörung des Zellgefüges, insbesondere der Zellmembranen, und 2. Trennung der verschiedenen Zellbestandteile durch fraktionierte Zentrifugation.

Die Zellfraktionierung gestattet die Gewinnung größerer Mengen einzelner Zellbestandteile, welche nach ihrer Isolierung einer biochemischen Untersuchung zugeführt werden können. Durch diese Methoden konnten wesentliche Einblicke in die chemische Zusammensetzung und Funktion der einzelnen Zellfraktionen erhalten werden.

Für die Zerstörung der Zellmembran bedient man sich vorwiegend mechanischer Methoden. Weit verbreitet sind: 1. das Homogenisieren tierischer Gewebe im Homogenisator nach Potter-Elvehjem, 2. das rasche und kräftige Schütteln mit kleinen Glaskugeln in speziellen Schüttelapparaten, 3. die Zerstörung der Zellgrenzschicht durch Einwirken von Ultraschall (besonders bei Einzellern), 4. die osmotische Cytolyse (z. B. bei Erythrocyten). Zum schonenden Aufschluß von Mikroorganismen kann auch eine Lysis der Zellen durch Einwirkung bestimmter Enzyme, die eine Auflösung der mechanisch sehr widerstandsfähigen Zellwand bewirken, vorgenommen werden. Zur Gewinnung strukturfreier Zellflüssigkeit sind auch Methoden geeignet, die in einem Auspressen von tiefgekühlten Zellen oder Geweben mit Hilfe leistungsfähiger Pressen bestehen.

Als Medium zur Homogenisierung werden vorwiegend isotone Medien verwendet, die meist Nichtelektrolyte

(Rohrzucker, Mannit, Rhamnose etc.), in einigen Fällen auch Elektrolyte enthalten. Als besonders günstige Medien erwiesen sich in einigen Fällen auch eiweißhaltige Lösungen und die Verwendung von synthetischen Polymeren, z. B. Polyvinylpyrrolidon.

Die Abtrennung der einzelnen Fraktionen aus dem Homogenat erfolgt vor allem durch *Zentrifugationsmethoden*. Hierfür macht man sich die unterschiedliche Dichte, Größe und Form der Zellbestandteile zunutze. So kann das Homogenat durch fraktionierte Zentrifugation in verschiedene Zellfraktionen aufgeteilt werden, wobei unterschiedliche Zeiten bei unterschiedlichen Beschleunigungen angewendet werden. Aus einem Homogenat von Leberzellen z. B. gewinnt man die Fraktionen auf folgende Art und Weise:

1000× g	10 Min.:	Zellkerne
10000× g	30 Min.:	Mitochondrien
100000× g	60 Min.:	Mikrosomen
Überstand	:	strukturloses Cytoplasma

Durch Verfeinerung der Methoden ist außer den 4 aufgeführten Hauptfraktionen noch die Gewinnung weiterer Fraktionen möglich.

Um einheitliche und von anderen Fraktionen weitgehend freie Zellbestandteile zu gewinnen, werden die erhaltenen Sedimente mehrere Male gewaschen, d. h. resuspendiert und wieder abzentrifugiert, wobei unter Umständen andere Zeiten, andere Beschleunigungen und häufig auch andere Medien als anfänglich benutzt werden (Refraktionierung). Eine sehr leistungsfähige Trennung wird durch die *Dichtegradientenzentrifugation* erreicht. Das Prinzip dieser Methode besteht darin, daß in hierfür geeigneten Zentrifugengläsern Medien unterschiedlicher Dichte übereinander geschichtet werden. Als Medien dienen hierbei Saccharoselösungen unterschiedlicher Konzentration, Glykogenlösungen, Cäsiumchloridlösungen und andere. Bei Zentrifugation des Homogenates in diesen Dichtegradienten im ausschwingenden Rotor verteilen sich die einzelnen Zellfraktionen bei genügend langen Zentrifugationszeiten (bis 24 Stunden und länger) entsprechend ihrer Dichte auf die verschiedenen Schichten des Mediums und können daraus in ziemlich reiner Form gewonnen werden. Bei der Zellfraktionierung ist es sehr wichtig, die Reinheit der gewonnenen Fraktionen kritisch durch Verwendung biochemischer und morphologischer Kriterien zu beurteilen. Diese bestehen in der morphologischen (vorwiegend elektronenmikroskopischen) Überprüfung der Fraktionen und ihrer biochemischen Charakterisierung durch Bestimmung sog. *Leitenzyme* in den einzelnen Fraktionen. Leitenzyme sind praktisch ausschließlich in den Strukturen lokalisiert, für die sie als charakteristisch gelten. Derartige Leitenzyme sind für die Mitochondrien z. B. Cytochromoxydase und Glutamat-Dehydrogenase und für die Mikrosomenfraktion Glucose-6-phosphatase sowie Esterase. Durch Verfeinerung der Fraktionierungstechnik ist in der jüngeren Zeit die Unterteilung der Mikrosomenfraktion, die Darstellung des GOLGI-Apparates, der Lysosomen und anderer Zellbestandteile gelungen.

1.3. Zellkern (Nucleus)

Die meisten tierischen und pflanzlichen Zellen enthalten als typischen und im mikroskopischen Bild meist gut sichtbaren Bestandteil einen *Zellkern.* Neben den einkernigen Zellen existieren auch vielkernige Zellen, die durch Fusionen mehrerer Zellen oder aber durch Kernteilung ohne nachfolgende Zellteilung entstehen können. Außer den normalen, kernhaltigen Zellen gibt es auch Zellen, welche keinen Zellkern enthalten. Die *Kernlosigkeit* kann entweder *primärer* oder *sekundärer* Natur sein. So sind die *Erythrocyten* der *Säugetiere* kernlos, da sie ihren Zellkern während ihrer Reifung verlieren. Niedere Lebensformen, wie z. B. *Bakterien* und *Blau-*

algen, besitzen keinen Zellkern im eigentlichen Sinne. Diese Zellen weisen jedoch Strukturen auf, welche DNS enthalten. Sie werden als Kernäquivalent bzw. Nucleoid bezeichnet. Derartige Strukturen von Bakterien sind auf den Tafeln 2/1 und 3/1 dargestellt.

1.3.1. Struktur des Zellkernes

Der Zellkern stellt ein seiner äußeren morphologischen Erscheinung nach variables Gebilde dar. Bei verschiedenen Zelltypen weist er hinsichtlich Form und Größe beträchtliche Unterschiede auf.

Gegenüber dem Cytoplasma wird der Kern von einer *Membran*, welche als Kernmembran bzw. Kernhülle bezeichnet wird, umschlossen. In seinem Inneren enthält der Zellkern granuläre und fibrilläre Strukturen, die sich durch basische Farbstoffe gut darstellen lassen und als Chromatin bezeichnet werden. Meist besitzt der Kern außerdem noch ein oder mehrere stark färbbare Kernkörperchen oder Nucleoli.

1.3.1.1. Kernhülle

Die *Kernmembran*, welche den Kerninhalt gegenüber dem Cytoplasma abgrenzt, besteht aus zwei Lamellen, welche einen perinucleären Raum umschließen. Im Gegensatz zur äußeren Zellmembran liegen, wie aus den Tafeln 3/2 und 4/1 und dem Schema in Abb. 1 hervorgeht, zwei voneinander getrennte Membransysteme vor. Die *Kernhülle* zeigt im elektronenmikroskopischen Bild *Poren*. Häufig steht die Kernhülle auch mit dem Membransystem des endoplasmatischen Reticulums in direkter Verbindung, indem sich der perinucleäre Raum direkt in die Zisternen des endoplasmatischen Reticulums fortsetzt. Dadurch können über das endoplasmatische Reticulum Verbindungen vom Kerninnenraum zur äußeren Zellmembran und unter Umständen auch direkt zum extrazellulären Raum entstehen.

Die Kernporen stellen nicht einfach Löcher in der Membran dar, sondern sind als komplexe Strukturen (Porenkomplexe) aufzufassen. Die Dicke der Einzelmembranen der Kernhülle beträgt wie die der meisten zellulären Membranen etwa 80 Å, die Dicke des perinucleären Raumes variiert stärker, liegt jedoch vorwiegend zwischen 300—400 Å. Die Einzelmembran zeigt den typischen dreischichtigen Aufbau einer Membran, zwei stark kontrastierte Außenschichten mit einer Dicke um 20—25 Å und einer unkontrastierten inneren Schicht mit 25—30 Å Dicke. Man hat auf Grund des Vorhandenseins der Poren angenommen, daß eine gegenseitige völlig freie Zugänglichkeit sowohl für hoch- als auch für niedermolekulare Substanzen besteht. Stofftransporte in den Kern hinein bzw. heraus sind jedoch kontrollierte Prozesse. So ist der *Aminosäuretransport* isolierter Kerne abhängig von der Anwesenheit von Kalium und zeigt Ähnlichkeit mit dem Transport von Aminosäuren bei einer Reihe von Zellen und Geweben. Auch andere Versuche zeigen, daß die Kernhülle offensichtlich eine Diffusionsbarriere darstellt, die das Kerninnere vom cytoplasmatischen Raum durch selektive Permeabilität abtrennt. Natürlich wird durch die Kernhülle auch die Diffusion von Proteinen und anderen hochmolekularen Stoffen beschränkt. Da sich jedoch Proteine und Nucleinsäuren offensichtlich in größeren Mengen durch die Membran bewegen, muß dafür ein Prozeß, der der *Pinocytose* vergleichbar ist, angenommen werden (s. S. 63). Außerdem ist möglicherweise auch ein Stofftransport vom Kern in die Kanäle des endoplasmatischen Reticulums in Betracht zu ziehen.

1.3.1.2. Kernkörperchen (Nucleolus)

Praktisch jeder Zellkern enthält ein oder mehrere *Kernkörperchen.* Die Kernkörperchen der verschiedenen Zellkerne zeigen in Abhängigkeit von der Aktivität der Zelle beträchtliche Unterschiede hinsichtlich Aussehen, Größe und Anzahl. Zellen mit höherer

Syntheseleistung (z. B. embryonale Zellen, Drüsenzellen in der Periode der Sekretbildung) besitzen größere und besser ausgebildete Nucleoli als Zellen mit geringeren Syntheseleistungen. Der Nucleolus zeigt enge räumliche und auch funktionelle Beziehungen zu einem bestimmten Chromosom. In vielen Abbildungen (z. B. Tafel 4/1) stellt sich das Kernkörperchen aus zwei Teilchen bestehend dar, einem sog. Nucleolemma und einer Pars amorpha. Die Pars amorpha ist mit feinen Granulationen gefüllt, die strangförmig in das Cytoplasma hineinziehen und die hinsichtlich ihrer Struktur und Zusammensetzung wahrscheinlich den Ribosomen des Cytoplasma entsprechen (s. S. 42). Sie werden als Kern-Ribosomen bezeichnet.

1.3.2. Chemische Zusammensetzung des Zellkernes

Seit den klassischen Arbeiten von MIESCHER und KOSSEL ist bekannt, daß der Zellkern die Desoxyribonucleinsäure der Zelle enthält. Auch die verfeinerten Untersuchungsmethoden der jüngeren Zeit bestätigten, daß die DNS der Zelle nahezu ausschließlich im Zellkern lokalisiert ist. Ausnahmen von dieser Regel betreffen das Vorkommen von DNS in Mitochondrien, in Chloroplasten und im Cytoplasma von Eizellen (s. S. 129).

Von BRACHET wurde erkannt, daß RNS nicht nur im Cytoplasma, sondern auch im Zellkern enthalten ist. Die RNS des Zellkerns ist vor allem im Nucleolus lokalisiert.

Neben den *Nucleinsäuren* ist der Zellkern durch seinen Gehalt an *basischen Proteinen* (Histone, in manchen Zellen auch Protamine) ausgezeichnet. Außer diesen charakteristischen basischen Proteinen sind auch nichtbasische, lösliche Proteine und ein *Gerüsteiweiß*, daß sog. *Chromosomin*, im Kern enthalten. Weiterhin besitzt der Zellkern einen hohen Gehalt an Lipiden, insbesondere an Phosphatiden. Die für seine Funktion wesentlichsten Bestandteile des Zellkernes sind die

Nucleinsäuren. Der DNS-Gehalt einer bestimmten Zelle und damit eines Zellkernes stellt eine konstante Größe dar (Näheres S. 93). Gegenüber der Konstanz des DNS-Gehaltes sind die anderen Bestandteile des Zellkernes ziemlich variabel, insbesondere der *RNS-Gehalt*. Ähnliches gilt auch für die sog. Residualproteine, während sich der *Histonbestand* des Kernes ebenfalls durch hohe Konstanz auszeichnet. Es gibt *Enzyme*, die als *kernspezifisch* gelten können. Insbesondere trifft dies für die Enzymsysteme zu, welche für die Synthese der Nicotinsäureamidadeninnucleotide (NAD^+, $NADP^+$) verantwortlich sind, vor allem aber für Enzyme, die die Synthese der Nucleinsäuren katalysieren.

1.3.3. Funktion des Zellkerns

Schon lange nimmt man an, daß offensichtlich die Chromosomen das genetische Material, die Gene, enthalten und dieses bei der Kern- und Zellteilung an die Tochterzellen weitergeben. Innerhalb der letzten 30 Jahre zeigten eine Vielzahl experimenteller Befunde (näheres siehe Kapitel „Biochemische Genetik"), daß dieses genetische Material durch die DNS repräsentiert wird. Damit ergibt sich als die wichtigste Funktion des Zellkerns die *identische Replikation* des genetischen Materials, der DNS. Die *DNS-Synthese* erfolgt im Zellkern vorwiegend während der *Interphase*, also in dem Zeitraum zwischen zwei Zellteilungen. Durch Untersuchung des DNS-Umsatzes teilungssynchronisierter Zellen zeigte es sich, daß die *Replikation* der DNS in den ersten Teil der Interphase fällt und schon vor Beginn einer neuen Zellteilung beendet ist. Die *DNS* stellt somit eine Substanz dar, die durch eine relativ große Stoffwechselstabilität und einen geringen, nur auf bestimmte Phasen des Lebenscyclus der Zellen beschränkten Umsatz ausgezeichnet ist. Als erste Aufgabe des Zellkernes kann die Speicherung und Weitergabe der in der DNS linear verschlüsselten *genetischen Informationen* betrachtet werden. Zweitens besitzt der Zellkern die Aufgabe, die genetische Information von der DNS auf die RNS zu übertragen. Der Zellkern stellt demzufolge neben dem Ort der DNS-Synthese auch den Ort für die *RNS-Synthese* der Zelle dar. Man muß annehmen, daß möglicherweise alle drei RNS-Typen der Zelle, die *Transfer-RNS*, die *Messenger- oder Boten-RNS* und auch die *ribosomale RNS* im Zellkern gebildet werden. Die Ribosomen-RNS wird wahrscheinlich zu einem bedeutenden Teil im *Nucleolus* gebildet. Die genetische Information wird durch die DNS der Nucleolus-Chromomeren geliefert. Die Boten-RNS wird anscheinend an den einzelnen Chromomeren der *Chromosomen* synthetisiert. *Autoradiogramme* von Zellkernen der Speicheldrüse von Chironomus tentans (Tafel 4/2) zeigen Befunde, welche die oben angeführten Vorstellungen belegen.

1.3.4. Chromosomen

In der *Interphase*, also dem eigentlichen stoffwechselaktiven Abschnitt, füllen die Chromosomen den Zellkern in entspiralisierter Form als glasig gequollenes Material aus und sind in der Regel nur sehr schwierig einer morphologischen Untersuchung zugänglich. Als besonders günstiges Objekt für die Untersuchung der Chromosomen erwiesen sich die *Riesenchromosomen*, welche in den Speicheldrüsenkernen von Dipteren (Fliegen und Mücken) vorkommen (Tafel 5/1). Diese Chromosomen entstehen in sich nicht mehr teilenden Zellen durch eine Reihe von Verdoppelungsschritten aus einfachen Chromosomen, welche jedoch untereinander verbunden bleiben. Sie bilden Bündel von etwa 10000 und mehr. Einzelelementen Die *DNS* ist über diese Chromosomen ungleichmäßig verteilt und in Form der *Chromomeren* als Querscheiben angeordnet.

Die Anzahl der in den einzelnen Chromosomen enthaltenen Querscheiben beträgt bei Chironomus 1900, bei Drosophila 5149. Als Orte der *DNS-Synthese* sind die einzelnen Chromomeren der Chromosomen zu betrachten. Die einzelnen Chromomeren benötigen für die Verdopplung ihrer DNS unterschiedlich lange Zeiten während eines Replikationscyclus. Im Gegensatz zum ringförmigen Bakterienchromosom (S. 127), welches eine einzige Replikationseinheit darstellt, sind die einzelnen Chromomeren der Chromosomen höherer Zellen als selbständige Replikationseinheiten anzusehen.

Jedes Riesenchromosom zeigt ein nach Anordnung und DNS-Gehalt der Chromomeren artspezifisches Muster an Scheiben und Zwischenscheiben. Bestimmte Zwischenscheiben des Chromosoms zeigen jedoch einen spezifischen Formwandel, indem sie sich auflockern und regelrecht „aufgebläht" werden. Diesem „puffing-Phänomen" kommt offensichtlich funktionelle Bedeutung zu, indem jedes Organ ein spezifisches Puff-Muster aufweist, welches allem Anschein nach der *Genaktivität* entspricht. Offensichtlich ist jeweils nur ein Teil der Gene eines Chromosoms aktiv. Es ist sehr interessant, daß nur diese Orte des Genoms RNS synthetisieren. Man hat berechnet, daß ein Zehntel bis ein Fünftel der gesamten Querscheiben aktiv sein kann, so daß also mindestens 200 verschiedene RNS-Fraktionen gleichzeitig synthetisiert werden können. Eine genaue räumliche Zuteilung des synthetisierten RNS-Typs erscheint bisher lediglich für die Nucleolus-RNS möglich, welche bestimmte räumliche Beziehungen zu den Nucleolus-Orten des Chromosoms aufweist, von denen möglicherweise auch die Ribosomen-Synthese ihren Ausgang nimmt. Als besonders günstiges Untersuchungsobjekt für die RNS-Synthese im Zellkern erwiesen sich die Nucleoli der Oozyten von Xenopus laevis und Triturus viridescens im Pachytänstadium der Meiose. Die Nucleoli dieser Zellen bestehen aus einem fädigen inneren Teil und einem granulierten Cortex (MILLER). An den Fäden des Innenteils kann die RNS-Synthese elektronenoptisch unmittelbar verfolgt werden: Auf dem Faden kehren periodische Abschnitte wieder mit senkrecht zur Längsrichtung des Fadens angeordneten feinen Fibrillen, die an einem Ende am Zentralfaden befestigt

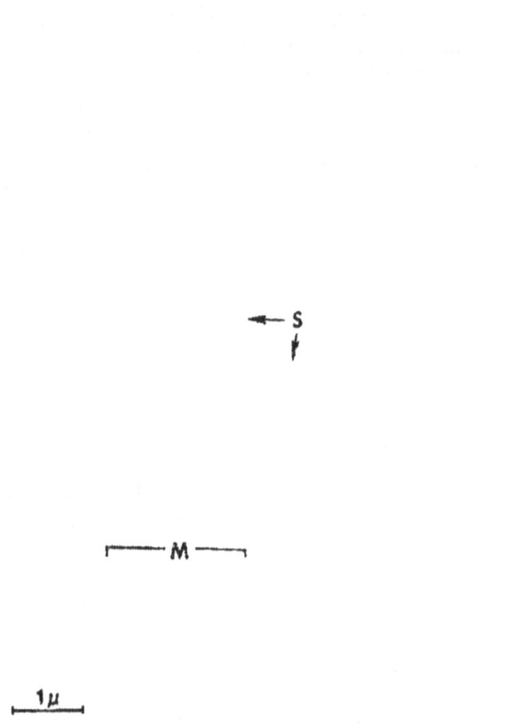

Abb. 3. Elektronenmikroskopische Aufnahme eines Ausschnittes aus dem Inneren eines Triturus-Nucleolus.

M = Abschnitt aus dem DNS-Zentralfaden mit anhängenden RNS-Molekülen zunehmender Kettenlänge

S = matrixfreie Achsenabschnitte (Vergrößerung 19000fach)

Näheres s. Text

(Aus O. L. MILLER, JR. und B. R. BEATTY, Journal of Cell. Physiology, 74, 225, Suppl. 1 [1969], The Wistar Institute Press 1969)

sind (Abb. 3). Innerhalb eines solchen Abschnittes beobachtet man eine kontinuierliche Zunahme der Länge der Querfibrillen.

Es konnte nachgewiesen werden, daß der Zentralfaden aus DNS und die Querfibrillen aus RNS-Molekülen mit zunehmenden Kettenlängen bestehen. Das Hüllmaterial des Zentralfadens ist Eiweiß, wahrscheinlich ist es RNS-Polymerase (S. 80). Die sich am DNS-Faden bildende RNS ist ein Vorläufer der Ribosomen-RNS. Die elektronenoptischen Befunde zeigen, daß etwa 1000 RNS-Moleküle gleichzeitig in jedem DNS-Abschnitt synthetisiert werden. Man kann schätzen, daß etwa 100 Polymerasemoleküle pro Gen, d. h. viele Millionen dieses Enzyms in einem Oozytenkern gleichzeitig wirksam sind.

1.4. Mitochondrien

1.4.1. Struktur der Mitochondrien

Mitochondrien sind lichtmikroskopisch sichtbare, mit Janusgrün B vital anfärbbare, stäbchenförmige oder ovale Partikel mit den Abmessungen 0,5—3 $\mu \times 0,1$ bis 0,5 μ (Längsschnitt eines Mitochondrions Abb. 4; elektronenmikroskopisches Bild s. Tafel 5/2). Die Form der Mitochondrien ist abhängig vom Funktionszustand, von der Zellart, der Art der Isolierung sowie der Fixierungs- und Färbungsmethode. Der Längsschnitt eines Mitochondrions (Abb. 4) läßt erkennen, daß das Lumen des Mitochondrions von einer *Doppelmembran* umgeben ist.

Die Doppelmembran besteht aus:

a) der glatten Außenmembran, die das Mitochondrion nach außen abdichtet und an die die rotenonunempfindliche NADH-Cytochrom-c-Reduktase, Monoaminooxydase, sowie Synthetasen für Fettsäuren und Phospholipide, z. B. Acetyl-CoA-Synthetase, gebunden sind.

b) dem Raum zwischen den Membranen, in welchem u. a. Adenylaktinase enthalten ist und

c) der Innenmembran. Ausstülpungen dieser Innenmembran in das Lumen des Mitochondrions werden als *Cristae mitochondriales* bezeichnet. An die Innenmembran sind folgende Enzyme gebunden: die Enzyme der Atmungskette, einschließlich Cytochrome und Coenzym Q, β-Hydroxybuttersäuredehydrogenase, die meisten pyridinnucleotidabhängigen Dehydrogenasen des Citronensäurecyclus, sowie Succinatdehydrogenase und Glutamatdehydrogenase.

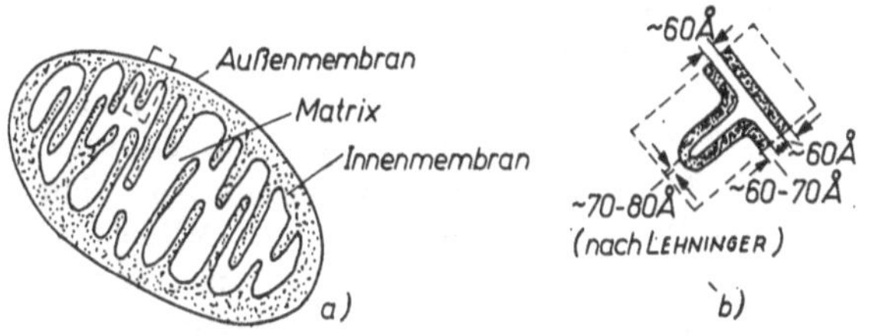

Abb. 4: (a) Längsschnitt eines Mitochondrions, (b) Dicke der Membranen und Zwischenräume

In die Innenmembran eingebettet liegen die sog. elektronentransportierenden Partikel (ETP), die elektronenoptisch sichtbar sind und ein Teilchengewicht von $1{,}3 \times 10^6$ aufweisen. Sie neigen bei Isolierung zur spontanen Polymerisation, enthalten die komplette *Atmungskette* und sind über Lipide an die Struktur gebunden. Darüber hinaus sind in der Innenmembran die Enzyme der *oxydativen Phosphorylierung* (s. S. 183. Teil II) lokalisiert.

Sowohl die Innen- als auch die Außenmembran sind Doppelschichten aus Lipid und Protein, 20% des Trockengewichtes von Rinderherzmitochondrien sind Lipide (insbesondere Phospholipide). Die Außenmembran der Mitochondrien kann z. B. durch Ultraschall abgelöst werden. Bei Extraktion der neutralen Lipide (*Ubichinon*, Carotinoide, Cholesterin usw.) ist der *Elektronentransport* blockiert. Eine Wiederherstellung der Oxydation ist durch Zusatz von Ubichinon möglich.

Das Lumen des Mitochondrions, das von der Innenmembran begrenzt wird, wird von der sog. *Matrix*, einem *kontraktilen Netzwerk*, ausgefüllt. Die Matrix besteht unter anderem aus 1. Strukturprotein, 2. einer actinähnlichen Substanz und 3. einer myosinähnlichen Substanz. In der wäßrigen Phase zwischen den Maschen befinden sich die Coenzyme *NAD^+, $NADP^+$ und Coenzym A.*

In der Matrix osmiumfixierter Mitochondrien finden sich häufig Granula hoher Elektronendichte mit einem Durchmesser von ~ 250 Å.

Die Zahl der Mitochondrien pro Zelle schwankt zwischen 20—24 (Spermatozoen) und 500000 (Amöbe Chaos chaos). Die durchschnittliche Zahl für Leberzellen liegt bei 800, für Nierentubuluszellen bei 300. Tumorzellen enthalten im allgemeinen weniger Mitochondrien als normale Zellen. Mitochondrien nehmen in Leberzellen (Ratte) 18,6% des Gesamtzellvolumens und 22% des Cytoplasmavolumens ein. Der Anteil des Mitochondrienproteins am Gesamtprotein der Zelle ist von Zellart zu Zellart verschieden. In Rattenleberzellen entfallen auf die Mitochondrien 15—23% des Gesamtstickstoffs. Das durchschnittliche Trockengewicht eines Mitochondrions wird mit $1{,}1 \times 10^{-13}$ g angegeben.

Für die Präparation von Mitochondrien der verschiedenen Gewebe existieren zahlreiche Verfahren. Ziel aller Methoden ist es, die Mitochondrien so schonend wie möglich zu isolieren und im Isolierungsmedium zellphysiologische Verhältnisse herzustellen. Während früher die Mitochondrienpräparation teilweise in Elektrolytlösungen (bevorzugt KCl) erfolgte, benutzt man heute entweder hypertone oder isotone Lösungen von Nichtelektrolyten (Saccharose, Mannit), da Elektrolyte häufig zur Aggregation der Mitochondrien führen. Die Verwendung von Saccharose, Mannit und ähnlichen Verbindungen scheint außerdem insofern günstig zu sein, als diese Stoffe sowohl die Schwellung als auch die Kontraktion der Mitochondrien hemmen. Mitochondrien können durch Differential- oder *Dichtegradientenzentrifugation* eines Zell- oder Gewebshomogenates gewonnen werden.

1.4.2. Eigenschaften der Mitochondrien

Mitochondrien sind in allen atmenden Zellen enthalten. Auch Bakterien enthalten Teilchen, die den Mitochondrien klassischer Auffassung entsprechen (Mitochondrienäquivalente). Die Stabilität der Mitochondrien ist abhängig von ihrer Herkunft und dem Charakter der Isolierungsmethode. Während Lebermitochondrien durch Gefrieren und Auftauen die oxydative Phosphorylierung fast vollständig einbüßen, hat diese Behandlung z.B. auf Herzmitochondrien so gut wie keinen Einfluß.

Schwellung und Kontraktion. Vom Funktionszustand abhängige Volumenveränderungen sind eine allgemeine Eigenschaft der Mitochondrien. Man unterscheidet zwei Arten von Veränderungen des Volumens: a) eine passive, b) eine aktive Volumenänderung.

Passive Volumenänderungen sind solche, die auf Grund der Osmolarität des Mediums, in dem sich die Mitochondrien befinden, erfolgen. Mitochondrien sind empfindliche Osmometer, die in hypertonen Medien schrumpfen, in hypotonen Lösungen dagegen quellen (schwellen) und schließlich platzen. Schon bei der Schwellung kommt es zu einer Freisetzung von Enzymproteinen und gebundenem NAD^+. Die Folge der Schwellung ist meist eine Hemmung der oxydativen Phosphorylierung. Latente Enzyme können durch Schwellung manifest werden (z. B. ATPase).

Die Schwellung läßt sich an Hand der Trübungsabnahme einer Mitochondriensuspension messend verfolgen.

Die *aktiven Änderungen* des Volumens (zumindest die aktive Kontraktion) sind energieabhängig und vollziehen sich im engen Zusammenhang mit Elektronentransport und Phosphorylierung: Rattenlebermitochondrien, die sich im Stadium 4 nach Chance befinden (d. h. Überschuß an Substrat und Sauerstoff, Mangel an ADP; Atmung niedrig), schwellen. Werden sie durch ADP-Zusatz in das Stadium 3 (d. h. Überschuß an Substrat, Sauerstoff und ADP; Atmung stark erhöht) überführt, so geht die Schwellung zurück. Durch diese Kontraktion wird aktiv Flüssigkeit aus den Mitochondrien entfernt. Ein derartiger Vorgang wird als Schwellungs-Kontraktions-Cyclus bezeichnet. Die aktiven Volumenänderungen werden in eine aktive Schwellung und eine aktive Kontraktion unterteilt (vgl. auch S. 136, Teil II).

Stoffe, die eine Schwellung hervorrufen, sind: Ca^{++}, anorganisches Phosphat, freie Fettsäuren, Thyroxin, Ascorbinsäure, GSH, GSSG, Fe^{++}, Polypeptidhormone (Oxytocin, Vasopressin, Insulin, STH), Jodacetamid, Schwermetalle (Ag^{+}, Hg^{++}), Gramicidin D und S, Phloridzin. Eine Hemmung der Schwellung wird bewirkt durch: Hemmung von Oxydation und Phosphorylierung (Cyanid, Antimycin A, Amytal), ATP in Verbindung mit Mg^{++}, DNP, Oligomycin, Äthylendiaminntetraacetat, Antihistaminica u. a.

Morphologische Veränderungen im Verlauf der Schwellung bestehen in einer Vergrößerung des Mitochondriendurchmessers sowie kolbenförmig aufgetriebener Cristae.

Geschwellte Mitochondrien kontrahieren sich in dem Maße wie die oxydative Phosphorylierung anläuft. Auch ein ATP-Zusatz zu geschwellten Mitochondrien verursacht eine Kontraktion, besonders dann, wenn gleichzeitig Mg^{++} oder Mn^{++}, sowie Rinderserumalbumin anwesend sind. Während der Kontraktion wird wahrscheinlich ATP hydrolysiert. 1 Mol ATP kann bis zu 2000 Mole Wasser aus geschwellten Mitochondrien auspressen.

Neben ATP und Mg^{++} sind zur Kontraktion noch

folgende weitere Faktoren nötig: langkettige, ungesättigte Fettsäuren, Glycerin-1-Phosphat, Phosphatidylinositol, C-Faktor I (Katalase), C-Faktor II (Glutathionperoxydase) und C-Faktor III (Lipoproteid?).

Sowohl Schwellung als auch Kontraktion sind relativ langsame Prozesse. Sie bedingen Veränderungen der Permeabilität, und zwar verringert die Kontraktion die Permeabilität, während die Schwellung die Durchlässigkeit der Mitochondrienmembran erhöht.

1.4.3. Enzymbestückung

Die Mitochondrien enthalten als wichtigstes Enzymsystem die *Atmungskette.* Während sich einige Cytochrome auch außerhalb der Mitochondrien nachweisen lassen, ist die *Cytochromoxydase* ein *ausschließlich* mitochondriales Enzym.

Zirka 25% des Proteins der Mitochondrienmembranen entfallen auf die Atmungsenzyme und die Enzyme des Citronensäurecyclus sowie die Fettsäureoxydation.

Aus Mitochondrien lassen sich durch Digitoninbehandlung oder Ultraschall Fragmente herstellen, die die Fähigkeit des Elektronentransportes und der Phosphorylierung besitzen. Green unterscheidet folgende Partikel:

a) elektronentransportierende Partikel (ETP), die das komplette Elektronenübertragungssystem enthalten. Die Enzyme des Citrat-Cyclus sowie die der oxydativen Phosphorylierung sind in ihnen nicht enthalten. Die Partikel können Succinat und $NADH_2$ ohne Anwesenheit von Cytochrom c oxydieren. Elektronenoptisch stellen sie bläschenförmige Gebilde mit einer Membran dar. Die Teilchen entstehen aus Mitochondrien durch Beschallung in Abwesenheit von Mg^{++}.

b) die sog. ETP_H-Partikel, die als einziges Enzym des Citronensäurecyclus die Succinatdehydrogenase enthalten.

Diese Partikel besitzen das komplette Enzymsystem

der Atmungskette. In ihnen ist die Succinat- und $NADH_2$-Oxydation mit der Veresterung von anorganischem Phosphat gekoppelt. Die Succinat- und $NADH_2$-Oxydation ist an die Anwesenheit von Cytochrom c gebunden.

c) die „Miniatur"-Mitochondrien. Diese Teilchen sollen Monomere des polymeren Mitochondrions darstellen. Sie besitzen die Fähigkeit der oxydativen Phosphorylierung.

Die unter b) und c) aufgeführten Mitochondrienfragmente werden zusammen abgekürzt als PETP (phosphorylierende elektronentransportierende Partikel) bezeichnet. Die Skizze orientiert über die Herkunft der Teilchen:

ETP- und PETP-Darstellung aus Mitochondrien (Schema).

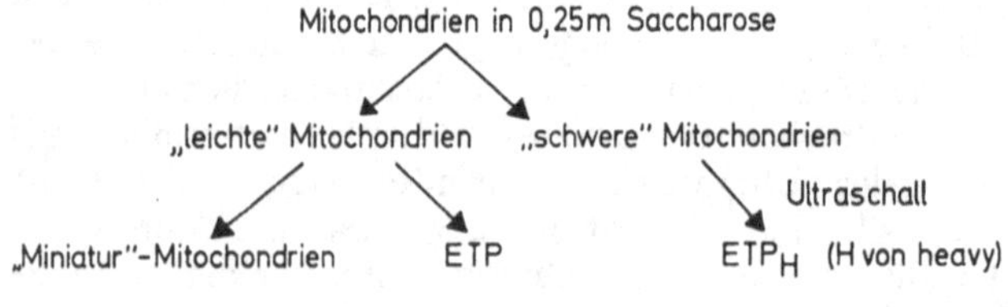

Neben den genannten Enzymsystemen enthalten die Mitochondrien noch hydrolytische Enzyme (ATPase, Phosphatase, Pyrophosphatase, Ribonuclease). In der löslichen Phase der Mitochondrien finden sich u. a. Glutamatdehydrogenase, NAD^+- und $NADP^+$-spezifische Isocitratdehydrogenase (vorwiegend die NAD^+-spezifische) sowie die $NADH_2$-Cytochrom c-Reduktase. Ferner enthalten die Mitochondrien Transaminasen, die Enzyme des Harnstoffcyclus, der Fettsäureoxydation und -synthese sowie DNS- und RNS-synthetisierende Enzyme.

Die Myokinase der Mitochondrien soll nach SIEKEVITZ in zwei Formen auftreten: a) eine Myokinase im Inneren der Mitochondrien und b) eine auf der Oberfläche.

ATPase. Die ATPase katalysiert die hydrolytische Spaltung des ATP und greift damit in die Regulation der Atmung ein (s. Teil II)

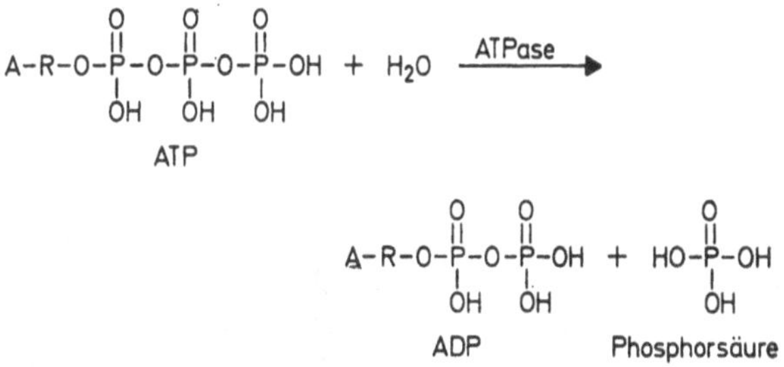

In intakten Mitochondrien ist die ATPase-Aktivität (gemessen in isotonem Medium) gering. Bei Schädigung der Mitochondrien oder bei Messung in hypo- oder hypertonen Medien findet man die Aktivität erhöht. Die ATPase-Aktivität soll vom Redoxzustand der Komponenten der Atmungskette abhängig sein: bei kompletter Reduktion ist die ATPase 100% gehemmt. Eine in den Mitochondrien vorkommende latente ATPase wird durch Inkubation der Mitochondrien bei 37 °C in Abwesenheit von Adeninnucleotiden und oxydierbarem Substrat gesteigert. Die meisten Entkoppler (siehe Entkopplung der Phosphorylierung) sowie eine Alterung der Mitochondrien erhöhen die Aktivität der ATPase, während z. B. ATP die ATPase-Aktivität hemmt. Die ATPase-Reaktion stellt eine Umkehr der oxydativen Phosphorylierung dar.

Man unterscheidet zwei Arten von ATPasen:

a) eine ATPase, die durch Entkoppler (2,4-Dinitrophenol) an funktionell intakten Mitochondrien aktiviert wird und Mg^{++}-unabhängig ist.

b) eine ATPase, die nach Schädigung der Struktur der Mitochondrien auftritt und Mg^{++}-abhängig ist.

Die ATPase soll vier pH-Optima haben: pH 6,3; 7,4; 8,5; 9,4. SLATER nimmt an, daß zu jedem der drei maximal möglichen Phosphorylierungsschritte innerhalb der Atmungskette eine gesonderte ATPase gehört.

1.4.4. Permeabilitätsverhältnisse

Die Permeabilität der Mitochondrienmembran ist eng mit der oxydativen Phosphorylierung verbunden.

Mitochondrien sind für Saccharose teilweise, für Pyruvat, β-Hydroxybutyrat und einige Zwischenprodukte des Citrat-Cyclus frei permeabel. Isolierte Lebermitochondrien sind relativ impermeabel für Adeninnucleotide, Pyridinnucleotide, anorganisches Phosphat und Citrat. Das meiste Citrat der Zelle kommt in den Mitochondrien vor. Exogenes Isocitrat und Glutamat werden von Mitochondrien nicht oxydiert.

Mitochondrien sind impermeabel für exogenes $NADH_2$. Exogenes $NADH_2$ kann von intakten Mitochondrien nur oxydiert werden, wenn Cytochrom c zugesetzt wird. Dieser Oxydationsweg ist nicht phosphorylierend. Nach einem „osmotischen Schock", der die Permeabilität der Membran erhöht, oxydieren die Mitochondrien $NADH_2$ ohne Zusatz von Cytochrom c, wobei eine ATP-Synthese eintritt.

Stoffe, die eine Schwellung der Mitochondrien hervorrufen, erhöhen die Permeabilität der Mitochondrienmembran und führen zum Verlust intramitochondrialer Pyridinnucleotide. Am schnellsten geht NAD^+ verloren. Mitochondrien mit erniedrigtem NAD^+-Gehalt können mit Hilfe von ATP exogenes NAD^+ binden.

Für die Einschleusung von cytoplasmatischem Wasserstoff in die Mitochondrien macht man hauptsächlich zwei Transportsysteme verantwortlich, die in Abb. 5 näher erklärt sind. Der erste, allgemein anerkannte Mechanismus, soll in Tumorzellen nicht wirksam sein (Mangel an Glycerin-1-phosphat-Dehydrogenase, s. S. 20 T. III).

Während man früher annahm, daß das mitochondrial

gebildete ATP die Mitochondrienmembran nicht passieren kann, weisen immer mehr experimentelle Befunde darauf hin, daß das mitochondriale ATP dem Cytoplasma schnell zur Verfügung steht. Die terminale Phosphatgruppe des intramitochondrialen ATP steht cytoplasmatischen Phosphorylierungen unter Mitwirkung membrangebundener „Träger“ zur Verfügung.

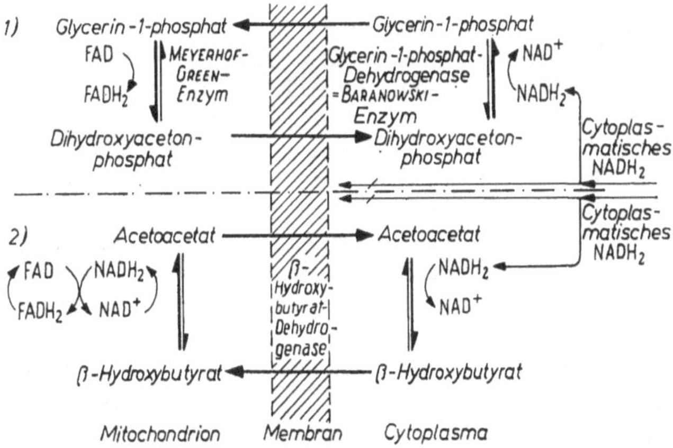

Abb. 5: Einschleusung des Wasserstoffs aus dem Cytoplasma in die Mitochondrien (1): das Glycerin-1-phosphat/Dihydroxyacetonphosphat-System (Bücher, Sacktor), (2): das Acetoacetat/β-Hydroxybutyrat-System (Devlin, Bedell)

1.4.5. Leistungen der Mitochondrien

Die Mitochondrien erfüllen folgende Funktionen in der Zelle: a) Oxydation von Substraten (s. Teil II), b) Energiebereitstellung mit Hilfe der sog. oxydativen Phosphorylierung (s. Teil II), c) Fettsäureoxydation (s. Teil III), d) Endabbau der Kohlenhydrate (s. Teil III), e) Harnstoffsynthese (s. Teil III), f) Ionentransport zwischen Cytoplasma und Mitochondrien. Die Mitochondrien synthetisieren außerdem DNS, RNS und Eiweiß.

1.4.6. Mitochondrialer Ionentransport

Die Mitochondrien sind in der Lage, sowohl Anionen als auch Kationen in beiden Richtungen zu transportieren. Der mitochondriale Ionentransport ist für die Regulation und den koordinierten Ablauf der intra- und extramitochondrialen Stoffwechselvorgänge von großer Bedeutung.

Schon zu Beginn der Mitochondrienforschung wurde beobachtet, daß atmende und phosphorylierende Mitochondrien in der Lage sind, ihren Gehalt an ein- und zweiwertigen Kationen sowie an Anionen aufrechtzuerhalten und sogar eine Ionenakkumulation durchzuführen. Die Tab. 1 zeigt den Kationengehalt intakter, frisch präparierter Mitochondrien. Die wichtigsten Gegenionen sind ATP, ADP, AMP, Pyridinnucleotide und anorganisches Phosphat. Bei Abwesenheit von oxydierbarem Substrat oder in hypotonen Medien verlieren die Mitochondrien K^+ und Na^+ praktisch völlig, während im Falle von Mg^{++} und Ca^{++} etwa die Hälfte ihres ursprünglichen Gehaltes strukturgebunden in den Mitochondrien zurückbleibt.

Tabelle 1:
Kationengehalt frischer Rattenlebermitochondrien (zitiert nach LEHNINGER)

Ion	mμ Mol/mg Protein
K^+	130,0
Na^+	6,3
Mg^{++}	42,0
Ca^{++}	5,6
Zn^{++}	1,9
Fe^{+++} (Fe^{++})	7,5
Mn^{++}	0,4

Die eigentliche Ionenbarriere, in der die aktiven mitochondrialen Transportvorgänge ablaufen, ist die Innenmembran. Diese vermag auch eine H^+- und OH^--Ionen-

Translokation durchzuführen. Die ebenfalls in der Innenmembran lokalisierten exergonen Oxydations- und Phosphorylierungsvorgänge treiben energetisch die gegen den Konzentrationsgradienten laufenden Akkumulationsprozesse an. Von besonderem Interesse ist der mitochondriale Ca^{++}-Transport auf Grund seiner beträchtlichen Spezifität, hohen Affinität, hohen Akkumulationsrate, seiner möglichen Bedeutung für den Kontraktionscyclus des Muskels sowie den molekularen Prozessen der Calzifizierung (LEHNINGER). Hinsichtlich der Energiebereitstellung erfolgt die Ca^{++}-Akkumulation alternativ zur oxydativen Phosphorylierung. Beide Prozesse konkurrieren um ein gemeinsames energiereiches Zwischenprodukt in der Reihe der energiebereitstellenden Reaktionen der Atmungskettenphosphorylierung. Ebenso wie ADP vermag auch Ca^{++} die Sauerstoffaufnahme in intakten Mitochondrien zu steigern. Gleichzeitig mit der aktiven Ca^{++}-Aufnahme erfolgt eine Protonenaustreibung aus den Mitochondrien, was eine Alkalisierung des Mitochondrieninneren zur Folge hat. Bei Anwesenheit von Phosphat wird dieses unter Schwellung der Mitochondrien gleichzeitig mit dem Ca^{++} aufgenommen. Innerhalb der Mitochondrienmatrix findet man dann lösliche Ca-Salze. Bei zusätzlicher Gegenwart von ATP tritt eine massive Beladung der Mitochondrien mit Ca^{++}-Salzen ein, in deren Folge feingranulierte $Ca_3(PO_4)_2$-Niederschläge in spezifischer Weise ausfallen (Tab. 2).

Atmung oder Zugabe von ATP bewirkt bei isolierten Mitochondrien oder Mitochondrienfragmenten eine Protonenaufnahme. Unter Anaerobiose tritt ein Protonenefflux ein. Es bestehen Beziehungen zwischen Protonen- und Anionenfluxen in den Mitochondrien. Die Verteilung von Anionen auf beiden Seiten der Mitochondrienmembran wird durch die transmembranalen pH-Differenzen bestimmt.

Ein besonderes Interesse beansprucht der mitochondriale K^+-Transport. Rattenlebermitochondrien sind normalerweise impermeabel für dieses Kation. Sie akkumulieren jedoch eine größere Menge K^+ wenn man eine sog. ionophore Substanz, und eine Energiequelle zusetzt. Beim K^+-Transport kommt es zur ATP-Hydrolyse. Pro Äquivalent verbrauchtes ATP werden etwa sieben Äquivalente K^+ transportiert. Eine solche ionophore

Tabelle 2:

Charakteristische Kenngrößen der energieabhängigen mitochondrialen Ca^{++}-Aufnahme unter verschiedenen Bedingungen (nach LEHNINGER)

Permeables Anion im Medium	Ladungskompensation	Zustand des Ca^{++} innerhalb der Mitochondrien	Ausmaß der Aufnahme (nMole/mg Eiweiß)
nein	H^+-Austreibung	Ca^{++} ist membrangebunden, Alkalinisierung	80 (begrenzte Beladung)
Phosphat	Phosphateintritt	Lösliche Ca^{++}-Salze in Matrix Schwellung	200–300
Phosphat + ATP	Phosphateintritt	Bildung von feingranulierten $Ca_3(PO_4)_2$-Niederschlägen	3000 (massive Beladung

Substanz ist z. B. das Antibiotikum Valinomycin. Die Funktionsweise der ionophoren Substanzen ist folgende. Sie bilden äußerst selektiv mit Alkaliionen (z. B. im Falle des Valinomycins mit K^+, nicht aber mit Na^+) lipidlösliche Komplexe, in denen die Hydratationshülle des Kations durch ein System elektronegativer Sauerstoffatome ersetzt ist. Diese Komplexe sind lipidlöslich und werden durch eine Umgebung mit kleiner Dielektrizitätskonstante, wie sie z. B. in den Lipidanteilen der Membran vorliegen, stabilisiert. Räumlich stellen diese Komplexe armbandähnliche Strukturen dar (Abb. 6). In einem wäßrigen Milieu dissoziieren sie reversibel. Durch diese Eigenschaften vermögen die ionophoren Substanzen, die zur

Klasse der makrocyclischen Depsipeptide gehören, einen Kationentransport durch natürliche, aber auch durch künstliche Phospholipidmembranen durchzuführen (SCHEMYAKIN, OVCHINNIKOV). Ionophore Substanzen teilt man ein in zwei Klassen:

a) solche, die als Ladung die des komplexgebundenen Kations tragen (Valinomycin) und b) solche, die funktionelle Carbonylgruppen besitzen, und deren Komplexe nach außen elektrisch neutrale Zwitterionen darstellen (Nigericin).

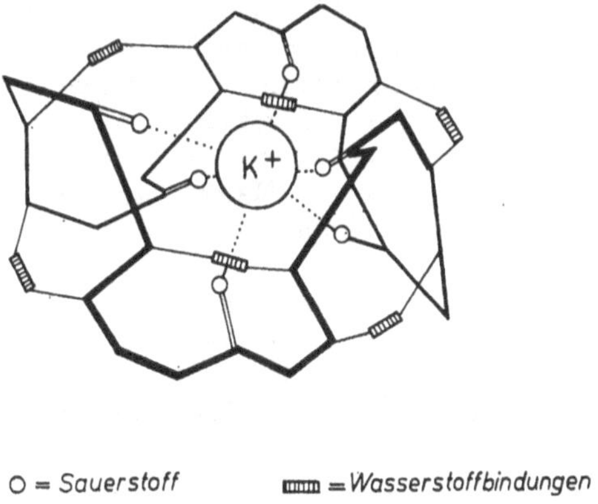

Abb. 6: „Armband"-Conformation von Valinomycin

Von besonderem zellphysiologischem Interesse ist die Permeabilität der inneren Mitochondrienmembranen für Anionen, da die Mehrheit der Mitochondrienmetabolite (Zwischenprodukte des Citronensäurecyclus, Phosphat, Fettsäuren und Adeninnucleotide) unter physiologischen Bedingungen ionisiert vorliegen. Die Anionenbewegung durch die Mitochondrienmembran wird durch zwei Gruppen von Faktoren kontrolliert: a) durch die relativ feste Bindung von Kationen (vorwiegend K^+) an die Mitochondrienmatrix werden den Mitochondrien Eigenschaften verliehen, die Ähnlichkeiten mit einem Anionen-Austauscher haben. In diesem relativ unspezifischen System werden die Anionen ihrer Ladung entsprechend akkumuliert, außerdem konkurrieren sie miteinander um die verfügbaren positiv geladenen Orte.

b) Zum anderen existieren in der inneren Membran wenigstens sieben voneinander unterscheidbare und mit beträchtlicher Spezifität ausgerüstete Transportsysteme für Anionen (Chappel). Die drei wichtigsten Multienzymsysteme innerhalb der Mitochondrien (System der Atmungskettenphosphorylierung, des Citronensäurecyclus und der β-Oxydation der Fettsäuren) scheinen jeweils über eigene spezifische Gruppen von Transportmechanismen für Anionen zu verfügen. Für folgende Anionen konnten Transportsysteme nachgewiesenwerden: 1. Phosphat (oder Arsenat). Dieses System kann ziemlich spezifisch durch SH-Blocker gehemmt werden; 2. Anionen der Dicarbonsäuren (Malat, Succinat). Dieses System ist durch n-Butyl-Malonat hemmbar, 3. Anionen der Tricarbonsäuren (Citrat, Isocitrat, cis-Aconitat), 4. α-Ketoglutarat, 5. Glutamat, 6. Aspartat, 7. Adeninnucleotide. Letzteres ist durch Atractylosid hemmbar. Nicht alle Mitochondrien verfügen über die Gesamtheit dieser Transportsysteme. Beispielsweise können in Insektensarcosomen Di- und Tricarbonsäuren nicht eintreten. Letztere scheinen nur über Transportsysteme für Phosphat und Adeninnucleotide zu verfügen. Herzmitochondrien transportieren Tricarboxylat-Anionen und Nieren- und Aszitestumormitochondrien Glutamat-Anionen äußerst schwach. Es existieren interessante Wechselwirkungen innerhalb mancher Transportsysteme. So erfolgt in Lebermitochondrien der Eintritt von Tricarbonsäuren nur bei Anwesenheit von Malat.

Für den Eintritt von Fettsäuren in die Mitochondrien spielt Carnitin eine besondere Rolle. Die Mitochondrieninnenmembran ist für Acetyl-CoA impermeabel, für Acetylcarnitin hingegen durchlässig. Mittels zwei Acetyltransferasereaktionen wird Acetyl-CoA in die Mitochondrien auf folgende Weise eingeschleust: da die äußere Mitochondrienmembran für Acetyl-CoA durchlässig ist, gelangt dieses aus dem Cytoplasma bis in das äußere mitochondriale Compartiment (s. S. 24). Dort befindet sich die sogenannte „äußere“ Acetyl-Carnitin-Transferase, die die 1. Acetylübertragung vom Acetyl-CoA auf Carnitin unter Bildung von Acetyl-Carnitin katalysiert (Abb. 7). Dieses tritt durch die Innenmembran

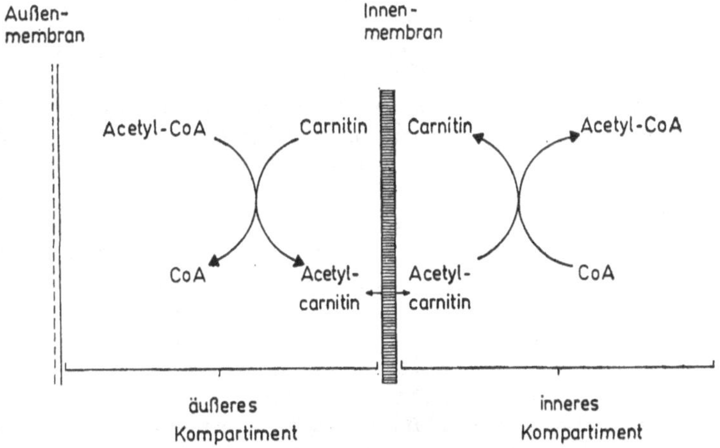

Abb. 7.: Lokalisation von äußerer und innerer Carnitin-Acetyltransferase in Mitochondrien

hindurch. Die „innere“ Acetyl-Carnitin-Transferase katalysiert dann die Gegenreaktion und bildet Acetyl-CoA zurück (Pette). Durch die gleichen Mechanismen werden auch die längerkettigen Fettsäuren in die Mitochondrien eingeschleust.

1.5. Mikrosomen

Unter dem Begriff Mikrosomen faßt man eine Fraktion submikroskopischer Teilchen zusammen, die man im Verlauf der Zellfraktionierung bei höheren Beschleunigungen in der Ultrazentrifuge nach der Abtrennung der

Mitochondrien gewinnt. Diese Fraktion ist heterogen und besteht aus morphologisch und funktionell unterschiedlichen cytoplasmatischen Strukturen, den Membranen des endoplasmatischen Reticulums (ergastoplasmatische Membranen) und den Ribosomen. Die Mikrosomen sind lichtmikroskopisch nicht sichtbar, sie können nur elektronenoptisch dargestellt werden.

Die ergastoplasmatischen Membranen stellen ein räumliches Netzwerk von Röhren oder Bläschen innerhalb der Zelle dar (Taf. 6/1). Die Innenräume der Röhren des endoplasmatischen Reticulums werden als Zisternen bezeichnet. Die Zisternen sind von typischen dreischichtigen Membranen umgeben (S. 47 Teil IV). Sie stehen mit dem perinucleären Raum, der Zellmembran und über Poren der Zellmembran sogar mit dem extracellulären Raum in Verbindung. Die Ribosomen, die in der Zelle meist an die Membranen des endoplasmatischen Reticulums angeheftet sind, erscheinen als kleine elektronendichte Granula, welche ihrer stofflichen Natur nach Ribonucleoproteidpartikel darstellen. Ihre Abmessungen betragen etwa 15 mμ. Außer den am endoplasmatischen Reticulum angehefteten Ribosomen kommen in vielen Zellen (z. B. Bakterien) freie Ribosomen vor. Häufig sind auch die Zellmembranen eng mit Ribosomen vergesellschaftet. Während der Isolierung werden die Membranen des endoplasmatischen Reticulums häufig zerrissen und man erhält dann Bruchstücke dieses Membransystems, die teilweise mit Ribosomen besetzt sind; in der Mikrosomenfraktion sind natürlich je nach den Verhältnissen der angewandten Methodik auch freie Ribosomen enthalten.

1.5.1. Endoplasmatisches Reticulum

Das endoplasmatische Reticulum stellt ein das Cytoplasma durchsetzendes kontinuierliches Netzwerk dar. Die Erscheinungsformen des endoplasmatischen Reticulums sind mannigfaltig. Sie sind in Menge und Anordnung bei den verschiedenen Zellarten in deren verschiedenen Funktionszuständen beträchtlichen Schwankungen unterworfen. Diese Veränderungen seiner Ausbildung in Abhängigkeit vom Aktivitätszustand treten besonders klar während der Funktionscyclen von Drüsenzellen zutage (Pankreas). Besonders stark ist es ausgebildet, wenn nach Beendigung eines Sekretionscyclus ein neuer Cyclus vorbereitet wird, wenn also die Zelle große Syntheseleistungen zu vollbringen hat. Bei Beladung der Zelle mit Sekretgranula werden die Membranen in der Zelle weniger und verschwinden nahezu vollständig. Diese Verhältnisse an Drüsenzellen des Pankreas können auf Grund der Periodizität und der starken basophilen Färbbarkeit bestimmter ergastoplasmatischer Zellbezirke schon im Lichtmikroskop erkannt werden. Das endoplasmatische Reticulum kann in unterschiedlichen Erscheinungsformen, als Lamellen oder in vesikulärer Form, auftreten. Die Dimensionen der Doppelmembran sind die der Einheitsmembran und werden mit etwa 75 Å angegeben. Die Räume zwischen den Membranen sind sehr schwankend, sie können von sehr kleinen Werten bei der lamellären Form des endoplasmatischen Reticulums bis zu großen Werten bei der vesikulären Form reichen. Die Ribosomen sitzen der äußeren, dem Cytoplasma zugekehrten Seite der Membranen auf. Je nachdem ob die Membranen von Ribosomen besetzt sind oder nicht, werden sie als körnige oder glatte Membranen bezeichnet. Das endoplasmatische Reticulum zeigt enge Beziehungen zu lichtmikroskopisch sichtbaren, speziellen Bildungen einzelner Zellen, wie dem Nebenkern von Spermatiden und den Regionen der NISSL-Körper von Nervenzellen der Säugetiere.

Ribosomen können durch verschiedene Verfahren von den Membranen abgetrennt werden. Die ersten Untersucher verwendeten oberflächenaktive Mittel wie Desoxycholat und konnten dann durch differentielle Zentrifugationen die Granula isolieren und als Ribonucleoproteidpartikel charakterisieren.

1.5.2. Chemische Zusammensetzung der Mikrosomenfraktion

Die Mikrosomenfraktion ist neben ihrem hohen RNS-Gehalt durch den großen Anteil an Phospholipiden ausgezeichnet. Sie enthält außerdem eine beträchtliche Menge an freiem Cholesterin. Sowohl Phospholipide als auch Cholesterin sind Bestandteile der ergastoplasmatischen Membranen.

Die Mikrosomenfraktion enthält eine ganze Reihe eng mit der Struktur der Membranen vergesellschafteter Enzyme. Wesentliche Enzyme sind Glucose-6-phosphatase, $NADH_2$-Cytochrom c-Reduktase, $NADPH_2$-Cytochrom c-Reduktase, Esterasen, Cholinesterase, Nucleosiddiphosphatase, saure Phosphatase, Nucleosidmonophosphatase, Nucleosidtriphosphatase, Thiaminpyrophosphatase, Cytochrom b_5. Außerdem sind in den Mikrosomen Enzyme der Cholesterinbiosynthese und andere Enzyme des Steroidstoffwechsels enthalten.

Enge Beziehungen bestehen zwischen dem Stoffwechsel verschiedener Pharmaca und den Mikrosomen. Deren oxydativer Abbau, der mit den verschiedensten Mechanismen ablaufen kann, erfolgt in den Mikrosomenmembranen in Gegenwart von Sauerstoff und unter $NADPH_2$-Verbrauch. Cytochrom P-450 spielt dabei eine wichtige Rolle. Auch die Enzyme der Glucuronidbildung sind an die Mikrosomen gebunden. Bei Zufuhr von Pharmaca kommt es zu einer induktiven Enzymbildung in den Zellen der Leber, die mit einer starken Vermehrung des endoplasmatischen Reticulums einhergeht. Die Bildung derartiger Enzyme und Membranen beginnt schon wenige Stunden nach Zuführung des entsprechenden Arzneimittels und kann beträchtliche Ausmaße erreichen.

1.5.3. Ribosomen

Die Ribosomen stellen wichtige Bestandteile des proteinsynthetisierenden Systems der Zelle dar. Sie besitzen eine kompakte Form und erscheinen im Elektronenmikroskop als Partikel von hoher Dichte. Sie bestehen aus Untereinheiten unterschiedlicher Größe, welche reversibel dissoziieren können. Für ihre reversible Dissoziation ist die Magnesiumkonzentration von Bedeutung (s. S. 80ff). Ribosomen bestehen zu etwa 50% aus RNS und zu 50% aus Protein. Die RNS ist in den Ribosomen in Form von 1 bis 2 großen einsträngigen Molekülen enthalten. Das Protein der Ribosomen hingegen besteht aus mehreren Komponenten. Die Ribosomen von Bakterien sind durch ihren hohen Gehalt an RNase ausgezeichnet; nahezu sämtliche RNase der Zelle scheint bei den bisher untersuchten Arten in den Ribosomen lokalisiert zu sein. Im nativen Zustand der Ribosomen liegt die RNase in einem maskierten Zustand vor; sie wird bei der Zerstörung der Partikelstruktur aktiviert und kann dann RNS, auch die Ribosomen-RNS selbst, spalten. Die RNase ist bei den Bakterien eng mit den 30 S-Partikeln (s. S. 81) verbunden.

1.5.4. Polysomen

Zusammen mit Strängen der Messenger-RNS können mehrere Ribosomen Komplexe bilden, die als Polyribosomen oder auch Polysomen bezeichnet werden. Diese Polysomen sind als die eigentlichen Orte der Proteinsynthese im Cytoplasma anzusehen. Polysomen konnten sowohl durch die Sedimentationsanalyse schonend hergestellter Ribosomenpräparationen als auch durch die elektronenmikroskopischen Untersuchungen von Ribosomenfraktionen und intakten Zellen nachgewiesen werden. Ihre Stabilität ist unterschiedlich. Bei Reticulocyten sind die Polysomen ziemlich stabil, wodurch diese Zellen auch ohne Neubildung von Messenger-RNS in der Lage sind, Protein über längere Zeit zu synthetisieren. Man kann die Struktur der Polysomen als fädige Bildung mit anhaftenden Ribosomen bezeichnen. In einem Polysom sind im Durchschnitt zwischen 4 und 8 Ribosomen enthalten (s. S. 83ff.).

1.6. Lysosomen

Lysosomen erscheinen bei der Zellfraktionierung zwischen der Mitochondrienfraktion und der Mikrosomenfraktion. Auf Grund dieser Zwischenstellung können sie in der Mitochondrienfraktion mit erfaßt bzw. auch in der Mikrosomenfraktion gefunden werden. Bei Lysosomen handelt es sich um bläschenartige Gebilde von sehr unterschiedlicher Erscheinungsform und relativ kleiner Größe. Sie sind Teile des komplexen dynamischen Membransystems der Zelle und für die Zellphysiologie ebenso wichtig wie Mitochondrien oder Polysomen. Tafel 7/1 zeigt eine elektronenoptische Aufnahme einer Leberzelle, in der Lysosomen von recht unterschiedlichem Aussehen feststellbar sind. Sie sind nicht einfach nachzuweisen und zu isolieren, da sie bei der Aufbereitung der Zelle leicht zerstört werden können. Chemisch handelt es sich bei den Lysosomen um Glykolipid-Protein-Komplexe, die sowohl morphologisch als auch chemisch heterogen sind. Sie unterscheiden sich in ihrer Enzymausstattung wahrscheinlich sowohl zwischen verschiedenen Spezies als auch zwischen verschiedenen Geweben voneinander. Sie sind durch ihren hohen Gehalt an hydrolytischen Enzymen ausgezeichnet. Abb. 8 gibt einen Überblick über Enzyme, die in den Lysosomen nachgewiesen wurden. Ein Teil der Lysosomenenzyme ist an die Membran gebunden, ein Teil ist löslich. In den intakten Zellen sind diese Enzyme auf Grund ihrer Lokalisierung von dem übrigen Zellinhalt getrennt und sind infolgedessen unwirksam. Werden die Membranen der Lysosomen unter bestimmten Bedingungen (z. B. Virusinfektionen) geschädigt, so kommen die Enzyme mit der übrigen Zelle in Kontakt (Abb. 8) und können in der Zelle wirksam werden. Dadurch kommt es zu einer Aktivierung abbauender Vorgänge. Aus diesem Grunde sind die Lysosomen auch als „Selbstmordkörnchen" bezeichnet worden. Tatsächlich spielen die Lysosomen eine wesentliche Rolle bei der Autolyse von Zellen und Geweben. Man hat auch schon über mögliche Beziehungen der Stabilität von Lysosomen und Alterungsvorgängen von Zellen spekuliert. Außer den bisher betrachteten Vorgängen ist den Lysosomen mancher Zellen

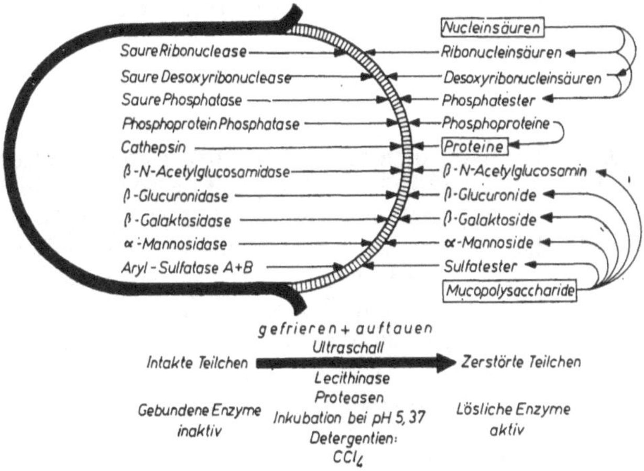

Abb. 8: Schematische Darstellung eines Lysosoms (nach DE DUVE)

auch eine Rolle beim Vorgang der Pinocytose (s. S. 63) zuzuschreiben. Lysosomen spielen eine bedeutende Rolle bei allergischen Reaktionen und anderen pathologischen Bedingungen (Krebs, rheumatische Arthritis, Speicherkrankheiten). Das lysosomale Cathepsin D spielt eine wichtige Rolle beim Abbau des Knorpeleiweißes, so daß man diesem Enzym eine spezifische Rolle in der Pathologie des Bindegewebes, besonders beim Zustandekommen der Arthritis zugeschrieben hat (DINGLE).

1.7. Peroxysomen

Im Dichtegradienten erscheint nach der Lysosomenfraktion noch eine Fraktion kleinerer bläschenförmiger Partikel relativ hoher Dichte (1.23—1.25), die als *Per-*

oxysomen (Microbodies) bezeichnet werden. Auf Tafel 7/1 sind sie in Leberzellen dargestellt. Sie sind durch ihren Gehalt an Uratoxydase, L-α-Hydroxysäure-Oxydase, D-Aminosäureoxydase und Katalase ausgezeichnet. Die ersten drei Enzyme produzieren Wasserstoffperoxyd, welches durch die Katalase wieder zersetzt wird.

1.8. Cytoplasma

Die nach der Abtrennung der Mikrosomenfraktion verbleibende strukturlose Flüssigkeit wird als Cytoplasma bzw. Hyaloplasma bezeichnet. Das Cytoplasma enthält die meisten niedrigmolekularen Bestandteile der Zelle sowie einen großen Teil der sog. löslichen Enzyme. Auch bei diesen Enzymen könnten jedoch bestimmte Bindungen an die Struktur bedeutsam sein. Insbesondere sind die Enzyme der Glykolyse im Cytoplasma zu finden, so daß es z. B. möglich ist, im zell- und partikelfreien Medium die Vorgänge der Glykolyse oder Gärung zu studieren.

1.9. GOLGI-*Apparat*

Der in vielen tierischen und auch pflanzlichen Zellen vorhandene GOLGI-Apparat zeigt je nach seinem funktionellen Zustand eine beträchtliche Variabilität. Er weist enge Beziehungen zum endoplasmatischen Reticulum auf. Vermutlich sind die Membranen des endoplasmatischen Reticulums an seinem Aufbau beteiligt. Der aus Lamellen aufgebaute GOLGI-Apparat (Tafel 1/1) erscheint im elektronenmikroskopischen Bild als eine Anhäufung flacher, sackförmiger Gebilde. Der GOLGI-Apparat wird fast immer in Zellen vorgefunden, welche einen „Protein-Export“ besitzen, wie z. B. Drüsenzellen. Wichtige Aufgaben derartiger Zellen sind Synthese, Akkumulation und Transport von Sekretionsgranula.

Ein Beispiel für die mit der Struktur des GOLGI-Apparates verbundene Sekretbildung ist für die exokrine Pankreaszelle in Abb. 9 dargestellt. Die Funktion des GOLGI-Apparates liegt nach dieser Vorstellung in der stufenweisen Kondensierung vorgebildeter Enzyme an den GOLGI-Lamellen bis zu den fertigen Sekretkörnchen, die von einer Membran umgeben sind (Zymogengranula).

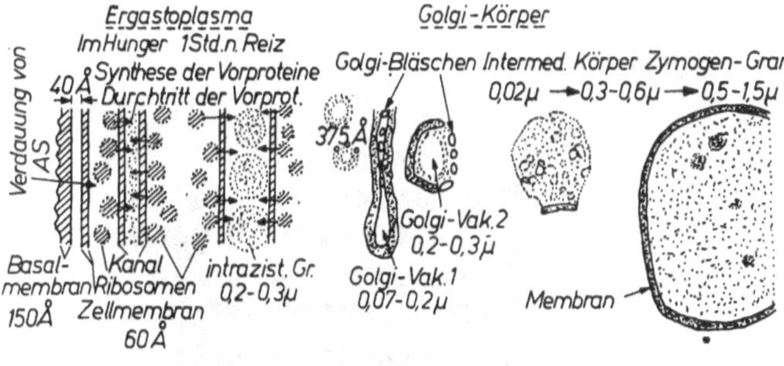

Abb. 9: Schema des Fließbandsystems bei der Bildung von Verdauungsenzymen in der Acinuszelle des Pankreas. Die Proteinsynthese erfolgt an den Ribosomen des ergastoplasmatischen Reticulums. In den Zisternen des endoplasmatischen Reticulums sammeln sich Proteingranula an. Diese wandern unter teilweiser Auflösung zum GOLGI-Feld, wo sie sich in den Vakuolen der GOLGI-Körper sammeln und fließbandmäßig zu den fertigen Zymogengranula kondensieren. Diese gelangen zum Apex der Zelle und werden nach Auflösung an das Drüsenlumen abgegeben (G. C. HIRSCH; Naturwiss. 47,34, 1960).

1.10. Chloroplasten

Die Photosynthese der grünen Pflanze (T. III) ist an das Vorhandensein der Chloroplasten gebunden. Morphologisch bestehen zwischen Chloroplasten und Mitochondrien gewisse Parallelen, jedoch auch wesentliche Unterschiede. Ebenso unterscheiden sich die Chloroplasten verschiedener Pflanzengruppen wesentlich.

Die von einer dreischichtigen Membran umgebenen Chloroplasten der höheren Pflanzen weisen in ihrem Inneren eine große Anzahl paralleler Lamellen auf, zwischen denen die sogenannten Grana angeordnet sind, plattgedrückte sackähnliche Gebilde, welche das Chlorophyll enthalten. Abb. 10 u. Tafel 7/2 zeigen ein Schema für die Anordnung der beschriebenen Elemente in den Chloroplasten. Bei einer Reihe niederer Pflanzen ist das Chlorophyll anscheinend frei gelöst und nicht an die Grana gebunden. Man nimmt an, daß in der transparenten Schicht der Grana Lipoproteidmoleküle mit einem Durchmesser von 35 Å vorhanden sind. In dieser Lipoidschicht ist das Chlorophyll vorhanden.

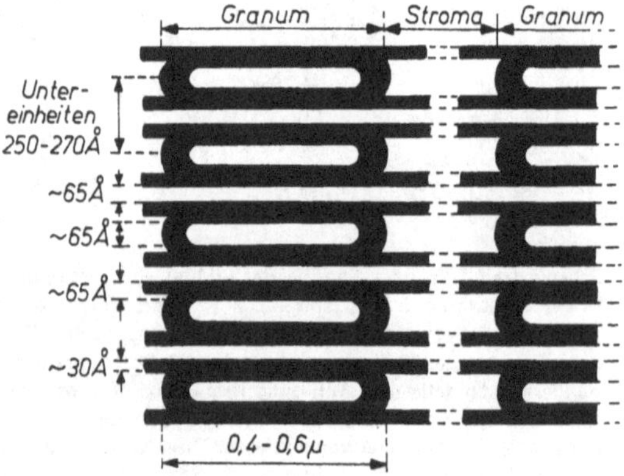

Abb. 10: Schema eines Chloroplasten

Die Chloroplasten können unter Lichteinwirkung aus Jugendformen, sog. Proplastiden, entstehen, in denen sich während der Lichteinwirkung Lamellen, Membranen und Grana ausbilden. Chloroplasten können sich selbständig teilen und vermehren und werden wie die Mitochondrien als genetisch selbständige, vom Kern unabhängige Einheiten betrachtet (s. S. 129). Das zwischen den Lamellen vorhandene Stroma der Chloroplasten enthält häufig Stärkekörnchen, z. T. können diese die Chloroplasten gänzlich ausfüllen, wobei farblose Gebilde, sog. Leucoplasten, entstehen.

1.11. Zelluläre Membranen

Die Notwendigkeit der Existenz dünner Oberflächenschichten, welche die Passage von gelösten Stoffen in die Zelle hinein oder aus der Zelle heraus kontrollieren, ging aus Permeabilitätsstudien hervor. Die äußere Grenzschicht der Zelle wurde als Zellmembran oder Plasmalemma bezeichnet. Diese Oberflächenschicht besteht hauptsächlich aus Lipiden und Proteinen. Da die Dicke der Oberflächenschicht unterhalb des Auflösungsvermögens des Lichtmikroskopes liegt, waren lange Zeit nur indirekte Beweise für das Vorhandensein der Zellmembran vorhanden. Die wirkliche Existenz der Zellmembran konnte in der jüngeren Zeit durch die Isolierung intakter Membranen einerseits und durch ihren Nachweis im Elektronenmikroskop andererseits erbracht werden. Es zeigte sich, daß fast sämtliche Zellorganellen durch Membranen abgegrenzt sind, die aus ähnlichen Strukturelementen bestehen.

Schon vor Einführung des Elektronenmikroskopes war durch die Untersuchung der Röntgenstrahlbrechung und des polarisationsoptischen Verhaltens der Myelinscheiden von Nerven, verbunden mit entsprechenden Permeabilitätsuntersuchungen, ein Membranmodell entworfen worden. Danach besteht die Membran aus einer Doppelschicht von Lipoidmolekülen, welche beiderseitig von einer Proteinschicht bedeckt ist. Das Modell konnte elektronenmikroskopisch bestätigt werden.

1.11.1. Elektronenmikroskopischer Aufbau von Zellmembranen

Das elektronenmikroskopische Bild der Zellgrenzflächen ist bei den verschiedensten Organismen und Zelltypen weitgehend übereinstimmend. Sowohl die Zellgrenzfläche, das *Plasmalemma,* als auch die Membranen der verschiedenen Zellorganellen erscheinen als typische dreischichtige Strukturen (Abb. 11). Die Dicke der Membran beträgt bei kaliumpermanganatfixierten Geweben etwa 75 Å. Die Membran besteht aus zwei äußeren, optisch dichteren Schichten und einer inneren helleren Schicht.

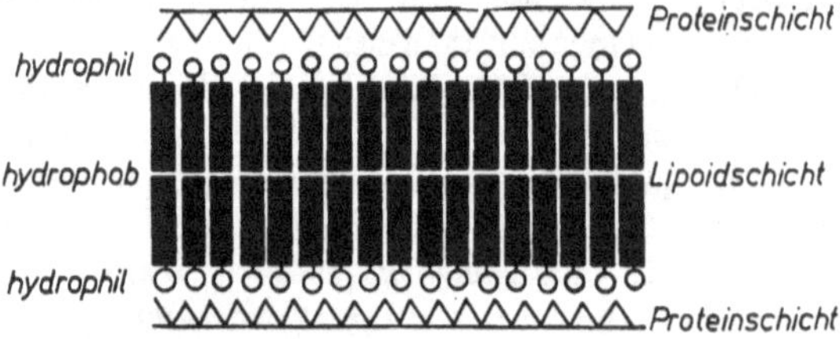

Abb. 11: Schema einer Zellmembran

Alle drei Schichten besitzen etwa die gleiche Dicke. Modellexperimente mit Lipiden und Lipoproteiden zeigten, daß bimolekulare Schichten von Lipiden, die von einer Proteinlage an beiden Oberflächen bedeckt sind, bei Einbettung, Fixierung und Schneiden ihre Eigenschaften bewahren und elektronenmikroskopisch mit dem Bild der Zellmembran gut übereinstimmen.

Im Gegensatz zur oben skizzierten anfänglichen Annahme einer einheitlichen Membran vollkommen gleicher Dicke für alle Zellbestandteile (Einheitsmembran von Robertson) muß man heute annehmen, daß die Dicke der Membran innerhalb gewisser Grenzen (45—110 Å) schwanken kann, wobei auch Variationen bezüglich der Dicke der einzelnen Schichten vorkommen können.

Diese Vorstellungen über den Aufbau der Zellmembran befinden sich mit der Analyse isolierter Membranfraktionen in guter Übereinstimmung. Ein wichtiges, der Analyse leicht zugängliches Modell von Zellmembranen stellen die „Schatten" (Ghosts) von Erythrocyten dar (das sind „leere", d. h. praktisch nur aus Membranen bestehende Erythrocyten). Die Analysen zeigten, daß die Lipidmengen, die aus einem Ghost extrahiert wurden, in einschichtiger Verteilung die doppelte Oberfläche des

Ghosts ergeben müssen. Dies führte zu der Annahme, daß auch in der intakten Zellmembran eine Doppelschicht von Lipidmolekülen vorhanden ist, in der die Lipidmoleküle mit ihren hydrophoben Kohlenstoffketten im Inneren der Membran gegeneinander gerichtet sind. Auf dieser Lipiddoppelschicht ist jeweils eine oberflächenaktive Proteinschicht aufgelagert. Obwohl die prinzipielle Anordnung nach dem von Davson und Danielli vorgeschlagenen Membranmodell bei allen Membranen gleichartig ist, können jedoch die Proteinschichten teilweise durch andere Makromoleküle, wie beispielsweise Polysaccharide, ersetzt oder durchsetzt sein. Man darf hierbei nicht vergessen, daß die äußere Schicht der Zellmembran auch der Träger sehr spezifischer Eigenschaften, z. B. des immunologischen Verhaltens der Zellen, ist. So ist die Oberfläche der Erythrocyten z. B. Träger der Blutgruppensubstanzen (s. S. 63, Teil III). Wahrscheinlich sind auch die Proteinschichten auf beiden Seiten der Membran nicht identisch. Auch in der Lipidschicht bestehen sicherlich größere Variationen hinsichtlich der Zusammensetzung. Zwischen unterschiedlicher Lipidzusammensetzung und Permeabilitätserscheinung an Membranen bestehen möglicherweise Zusammenhänge.

Das Davson-Danielli-Modell wurde im Jahre 1935 entwickelt. Es wurde bis in die jüngste Zeit hinein allgemein anerkannt. Im Gegensatz dazu wurden unlängst von verschiedenen Autoren Alternativmodelle entwickelt, die in der Lage sind, eine Vielzahl von chemischen, physikalischen und elektronenoptischen Befunden besser zu erklären, als das eben beschriebene Modell einer durchgehenden Lipid-Protein-Doppelschicht. So wurde beispielsweise gefunden, daß sich die Mitochondrienmembran elektronenoptisch nicht verändert, wenn man aus ihr den größten Teil der Lipide mittels Extraktion entfernt. Dieser und eine Vielzahl anderer Befunde sind schwer mit dem Davson-Danielli-Modell in Übereinstimmung zu bringen.

Nach Benson bildet das Protein ein Netzwerk in der

Membran, welches die Membran in ihrer ganzen Dicke erfüllt. Lipidmoleküle sollen sekundär in dieses Netzwerk eingefügt sein. Stabilisiert wird die Membran nach dieser Vorstellung vorwiegend durch hydrophobe Bindungen, die sich zwischen den apolaren Anteilen des Proteins und den Kohlenwasserstoffketten der Phospholipide und anderer Membranlipide ausbilden.

Nach einem dritten Modell (entwickelt von SJÖSTRAND, sowie von GREEN und PERDUE) sollen Membranen aus einzelnen, sich wiederholenden Untereinheiten aufgebaut sein („subunit model"). Die einzelnen Membranuntereinheiten sind aus Proteinen und Lipiden aufgebaut. Wie das BENSON-Modell ist auch diese Vorstellung mit der durchgehenden Lipid-Doppelschicht nach DAVSON-DANIELLI nicht vereinbar.

Innerhalb der verschiedenen Membranen existieren polare (elektrostatische) und apolare (hydrophobe) Wechselwirkungen zwischen Proteinen und Lipiden in wechselnden, von Membran zu Membran unterschiedlichen Ausmaßen. Dies hängt mit der chemischen Heterogenität der Lipid- und Proteinbestandteile der einzelnen Membrantypen zusammen.

Mittels Infrarotspektroskopie, sowie Messungen der optischen Rotationsdispersion und des Circulardichroismus konnte festgestellt werden, daß das Membranprotein nicht in der gespreiteten β-Conformation (S. 65, Teil I), wie dies aus dem DAVSON-DANIELLI-Modell zu erwarten gewesen wäre, sondern zu einem beträchtlichen Anteil in der α-Helix-Struktur vorliegt. Dieser α-Helix-Anteil unterhält hydrophobe Wechselwirkungen (S. 94, Teil I) zu den Lipiden oder zu hydrophoben Bezirken anderer Proteine. Die stärkste Unterstützung, obwohl auch da nicht unwidersprochen, fand das Untereinheiten-Modell aus der Erforschung der Struktur der inneren Membran der Mitochondrien (S. 24ff Teil IV). Diese kann man unter bestimmten Bedingungen in sog. Elementarpartikel zerlegen, die die Elektronentransportkette einschließlich einer mit diesem System vergesellschafteten ATPase tragen.

Von großem Interesse ist der Nachweis kontraktiler Proteine in Zellmembranen. Aus Erythrocytenmembranen können zwei Proteine extrahiert werden, die in ihren Eigenschaften dem Actin und dem Myosin des Muskels entsprechen. Diese Proteine spielen wahrscheinlich eine große Rolle für die Aufrechterhaltung der äußeren Form der Erythrocyten. Auch aus Mitochondrien sind derartige Proteine isoliert worden. Wie das Actomyosin zeigen sie ATPase-Aktivität; diese kann durch Zusatz bestimmter Lipide stimuliert werden. Es wird vermutet, daß diese Vorgänge für den aktiven Kationentransport von Bedeutung sind und mit der ATPase-Funktion der Zellmembran eng zusammenhängen. Durch die Funktion derartiger Proteine kommt es auch zu Schwellungen und Kontraktionen von Zellpartikeln, wodurch wiederum Änderungen in den Permeabilitätseigenschaften der Membranen verschiedener Zellorganellen eintreten können. Bei Chloroplasten und Mitochondrien existieren auf der Membran regelmäßig angeordnete Proteinsubeinheiten. Auch für eine Reihe anderer Zellarten und Zellorganellen (Lamellen in den Stäbchen der Retina, spezielle zentrale Synapsen usw.) sind regelmäßige Oberflächenstrukturen auf den Zellmembranen beschrieben worden.

1.11.2. Dynamik cytoplasmatischer Membranen

Wie schon erwähnt, stellen die verschiedenen zellulären Membranen keine stabilen Gebilde dar, sondern unterliegen einem mannigfachen Formwechsel, der sich in ihrem Aufbau und Umbau ausdrückt. Die Morphogenese von Membranen kann einmal als Fusion präformierter Membranen in Form von Vesikeln ablaufen. Derartige Vesikel werden an Golgi-Lamellen abgeschnürt oder können als Einfaltungen der Zellmembran entstehen, wonach sie untereinander verschmelzen und größere Membransysteme ausbilden können. Auch Abschnürungen der Kernmembran führen zur Entstehung von parallel gelagerten Lamellen, aus denen wahrscheinlich das endoplasmatische Reticulum entsteht.

Neben diesen Formen ihrer Entstehung wird auf der anderen Seite auch eine Neubildung von Membranen aus dem strukturfreien Cytoplasma postuliert. Das endoplasmatische Reticulum ist einem besonders starken Formwandel unterworfen.

In vielen Zellen ist der Zeitbedarf für derartige Umwandlungen ziemlich gering, so daß mit einer z. T. beträchtlichen Variabilität der Membransysteme innerhalb der Zelle gerechnet werden muß, die auch mit Änderungen des Bestandes der membrangebundenen Enzyme einhergehen kann.

1.11.3. Zellwand

Die Zellwand stellt eine spezielle Bildung der Pflanzen und vieler Mikroorganismen dar. Sie ist als ein Stützelement (Skelett) und als Schutzhülle der Zelle vor mechanischen und ähnlichen Einflüssen aufzufassen. Die Zellwand ist auch Träger der Antigenwirkung. Für die Permeabilitätseigenschaften ist jedoch nicht die Zellwand, sondern die semipermeable Cytoplasmamembran verantwortlich. Die Zellwand ist demnach streng von der eigentlichen Zellgrenzfläche, der Zellmembran, zu unterscheiden. Sie ist der letzteren aufgelagert. Die Dicke der Zellwand liegt wesentlich über der der Zellmembran. Die Zellwand zeigt häufig einen mehrschichtigen Aufbau. Zellwände von höheren Pflanzen bestehen zum großen Teil aus Cellulose und Lignin und enthalten verschiedene Einlagerungen.

Genaue Vorstellungen existieren über den Aufbau der Zellwände von Bakterien. Die basale Struktur bakterieller Zellwände stellt einen makromolekularen, durch kovalente Bindung zusammengehaltenen Hohlkörper dar, der als Sacculus bezeichnet wird. Die Aufbauelemente des Sacculus, die Muropeptide, sind untereinander glykosidisch und peptidartig verknüpft. Sie bilden ein als Murein bezeichnetes polymeres und allseitig geschlossenes Netzwerk. Die Zellwand der Bakterien besteht, wie die meisten Zellgrenzflächen anderer Zellen, aus Protein-Lipid-Polysaccharid-Anteilen. Der Aufbau bakterieller Zellwände ist mit einem Stahlbetonbau vergleichbar: eine Wand, welche von feinen Stahlgerüsten umzogen ist und um die Beton herum gegossen ist. Die Basalstruktur entspricht dem Grundgerüst der bakteriellen Zellwand, während die Protein-, Lipid- und Polysaccharid-Anteile „Beton", also Füllmaterial, sind. Die einzelnen Muropeptid-Untereinheiten bestehen aus jeweils zwei Aminozuckern und vier Aminosäureresten in stets gleicher Anordnung. Ein Schema für den Aufbau eines Mureinsacculus und die Struktur eines Muropeptids ist in Abb. 12 dargestellt (s. auch S. 62 Teil III).

1.11.4. Allgemeine Bemerkungen über Transportvorgänge an zellulären Membranen

Ebenso wie jeder Organismus steht jede einzelne lebende Zelle vor dem Problem, die Moleküle, die sie aufbauen bzw. die für ihre Lebensfunktionen erforderlich sind, innerhalb eines bestimmten Raumes zu halten und zur gleichen Zeit einen kontinuierlichen oder auch periodischen Stoffaustausch mit der Umgebung durchzuführen. Durch diese stoffliche Emanzipation von der Umgebung hält die Zelle ihre Integrität aufrecht. Für die Durchführung des Stoffaustausches ist ein selektiver Stoffdurchtritt durch die Membran notwendig. Transzelluläre Transportvorgänge wie Exkretion, Sekretion und Resorption stellen Phänomene dar, die schon früher eingehend untersucht worden sind. Transzelluläre Transportvorgänge sind meist auf zelluläre Vorgänge zurückführbar. Orte eines zellulären Transportes können jedoch neben der Zellmembran auch Membransysteme innerhalb der Zellen, wie die Membranen der Mitochondrien, der Lysosomen, des Kernes oder auch des endoplasmatischen Reticulums sein.

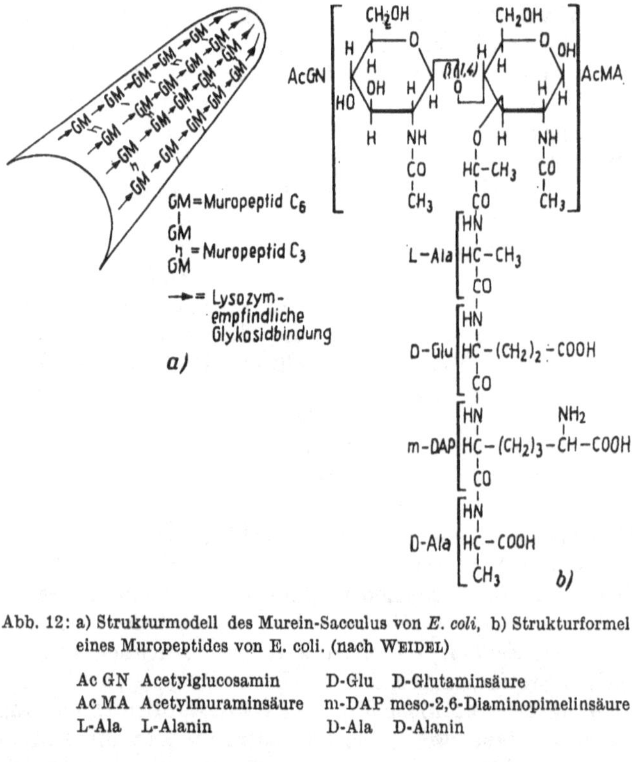

Abb. 12: a) Strukturmodell des Murein-Sacculus von *E. coli*, b) Strukturformel eines Muropeptides von E. coli. (nach WEIDEL)

Ac GN	Acetylglucosamin	D-Glu	D-Glutaminsäure
Ac MA	Acetylmuraminsäure	m-DAP	meso-2,6-Diaminopimelinsäure
L-Ala	L-Alanin	D-Ala	D-Alanin

Die Zellpermeabilität und die Frage nach der Bedeutung zellulärer Membranen für die Regulation von Stoffwechselprozessen stellen grundlegende biologische Probleme dar. Nach den heutigen Vorstellungen müssen Stoffwechselreaktionen und Transportvorgänge als Einheit betrachtet werden, beide Vorgänge bedingen und steuern sich gegenseitig.

Nach dem Membranmodell nach DAVSON und DANIELLI müßte die Zellgrenzfläche eigentlich für die meisten Substanzen impermeabel sein, da einerseits hydrophile Substanzen nicht in der Lage sein dürften, die Lipidschicht und hydrophobe Substanzen nicht die Proteinschicht zu durchdringen. Da dieses offensichtlich nicht

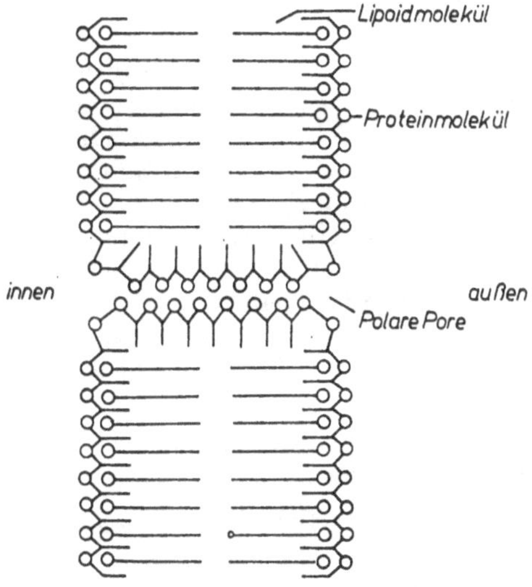

Abb. 13: Schema der Zellmembran (nach DANIELLI). Im Inneren die Lipoidmoleküle mit ihrem hydrophilen Ende nach außen gerichtet, darauf die Proteinmoleküle, welche eine polare Pore ausbilden

der Fall ist, muß der Feinbau der Membran so sein, daß er den Ablauf der verschiedenen Permeabilitätserscheinungen gestattet. Eine Möglichkeit ist die Existenz von Poren in der Zellmembran. Die Poren könnten entweder die gesamte Zellmembran durchsetzen oder nur Lücken in der Proteinschicht darstellen. Abb. 13 zeigt das Schema einer hydrophilen Pore, welche sich durch die Lipidschicht der Zellmembran hindurchzieht. Durch unterschiedliche Ladungsverhältnisse kann die postulierte Pore in der Lage sein, vorwiegend Kationen oder

Anionen durchzulassen. Obwohl in Permeabilitätsstudien und elektronenmikroskopischen Untersuchungen die Existenz derartiger Poren wahrscheinlich gemacht werden konnte, sind solche Vorstellungen z. T. noch hypothetisch.

Bei formaler Betrachtung ergeben sich für Moleküle, welche die Membran passieren müssen, mehrere Energiebarrieren. Für hydrophile Substanzen sind diese Barrieren folgende:

a) Die erste Barriere ist der Übergang von der wäßrigen Lösung in die Proteinschicht. Infolge polarer Wechselwirkungen kann man sich vorstellen, daß dieser Vorgang nahezu frei abläuft, ja, daß die polaren Moleküle regelrecht in die Proteinschicht hineingezogen werden. Der umgekehrte Vorgang, der Austritt dieser Moleküle aus der Proteinschicht, würde demzufolge nur unter einem gewissen Energieaufwand ablaufen können.

b) Die zweite Barriere für das hydrophile Molekül stellt das Eindringen in die Lipidschicht dar. Der dafür notwendige Energieaufwand ist sehr groß. Umgekehrt stellt der Austritt des Moleküls aus der Lipidschicht einen exergonischen Prozeß dar.

Bei der Betrachtung hydrophober Moleküle sind die Verhältnisse gerade umgekehrt; jedoch stellt die Proteinschicht für lipophile Moleküle offensichtlich eine niedrigere Energiebarriere dar als die Lipidschicht für hydrophile Moleküle. In Abb. 14 sind die eben angeführten Verhältnisse schematisch dargestellt.

Aus den bisher betrachteten Eigenschaften des Membranmodells erklärt sich, daß lipophile Substanzen im allgemeinen leichter in die Zellen eindringen als hydrophile Substanzen. Die lipophilen Substanzen lassen sich mit steigender Lipophilie in einer Reihe anordnen, die mit steigender Permeabilität einhergeht. Diese schon aus den klassischen Untersuchungen bekannte Tatsache fand ihren Ausdruck in der Lipidtheorie der Membranpermeabilität. Neben dieser Korrelation Lipidlöslichkeit/Permeabilität gab es auch Befunde, die zeigten, daß Moleküle von gleicher Lipidlöslichkeit aber mit zunehmender Molekülgröße langsamer in die Zelle permeierten. Neben der Lipidlöslichkeit spielt also noch die Ultrafilterwirkung der Zellgrenzschicht eine Rolle. Jedoch auch diese Modellvorstellungen der Zellpermeabilität genügen bei weitem nicht, um die Vielzahl von

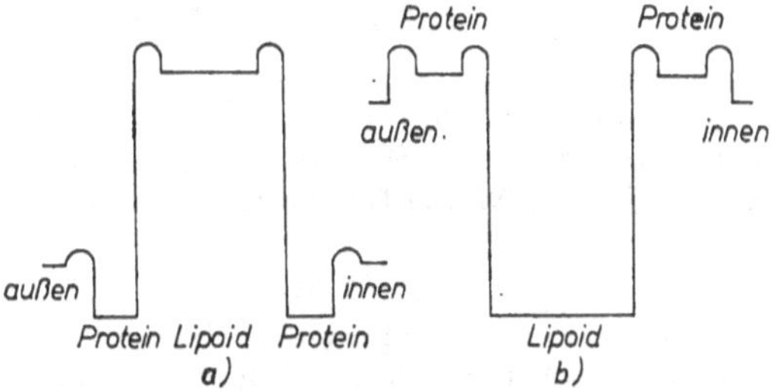

Abb. 14: Energiebarrieren beim Durchtritt eines hydrophilen (a) und eines hydrophoben (b) Moleküls durch die dreischichtige Zellmembran

Transporterscheinungen zwischen Zellen und Medien sowie innerhalb einzelner Zellen zu erklären. So ist das Vorhandensein der ungleichen Ionenverteilung und die Akkumulation niedermolekularer Substanzen gegen ein zum Teil beträchtliches Konzentrationsgefälle nur durch die hochselektiven Eigenschaften der Zellmembran sowie durch Beteiligung aktiver Zelleistungen zu erklären.

Für den Durchtritt von Substanzen durch eine Membran gibt es verschiedene Möglichkeiten. Für alle unten genannten Beispiele liegen experimentelle Beweise vor. Es muß jedoch erwähnt werden, daß über die wirkliche Bedeutung der einzelnen diskutierten Mechanismen noch keine endgültige Klarheit besteht.

1.11.5. Permeation durch Poren

Zellmembranen sind im allgemeinen für Wasser relativ leicht durchlässig. Der Permeabilitätskoeffizient für Wasser (definiert als transportierte Wassermenge pro

Flächen- und Zeiteinheit bei einem Druckunterschied von einer Atmosphäre zwischen Zellen und Medium) liegt für die meisten bisher untersuchten Membranen zwischen 0,01 bis 3 (Erythrocyten). Man stellt sich vor, daß der Wassertransport hauptsächlich durch einfache Diffusion innerhalb wassergefüllter Poren der Zellmembranen vor sich geht. Die Dimensionen dieser Poren liegt in der Größenordnung einiger Å. Ein Spezialfall ist der „solvent drag". Darunter versteht man die Penetration einer Substanz durch Poren der Membran, indem die Substanz beim Wassertransport infolge eines osmotisch bedingten Wasserflusses einfach mitgenommen wird.

Für den Transport von Elektrolyten kommen ebenfalls Membranporen in Frage. Die Diffusion dieser Ionen wird im wesentlichen durch die Ladungsverteilung in den wäßrigen Kanälen bestimmt. Entsprechend dieser Vorstellung ist z. B. der Chloridtransport durch positiv geladene wäßrige Kanälchen möglich, durch die eine Bewegung von Kationen verhindert wird. Umgekehrt könnten sich Kationen durch entsprechend negativ geladene Membranporen bewegen.

1.11.6. Trägertransport

Wie schon erwähnt, spielt für die Permeabilität der Nichtelektrolyte die Begrenzung durch die Lipidbarriere der Zellmembran die Hauptrolle. Da viele Befunde (z. B. Zuckertransport) nicht durch diese einfachen Vorstellungen erklärt werden können, wurde ein besonderer Mechanismus für die Membranpermeabilität postuliert, der als erleichterte Diffusion oder Träger-Transport bezeichnet wird. Entsprechend dieser Vorstellung bewegt sich das zu transportierende Molekül in Verbindung mit einem sog. Träger („Carrier") durch die Membran. Man nimmt auf Grund einer Reihe experimenteller Befunde an, daß dieser Träger frei in der Zellmembran oder zumindest in der Lipidschicht beweglich ist. Der Transport eines Moleküls erfolgt dann in folgenden Schritten:

1. Reaktion des Moleküls mit dem Carrier unter Bildung eines Carrier-Substrat-Komplexes. 2. Diffusion des Carrier-Substrat-Komplexes durch die Zellmembran und 3. die Dissoziation des Carrier-Substrat-Komplexes an der Innenseite der Zellmembran.

In Abb. 15 sind die Verhältnisse für den Trägertransport schematisch dargestellt. Es muß erwähnt werden, daß über die genaue chemische Natur des geforderten Trägers noch nichts Sicheres bekannt ist.

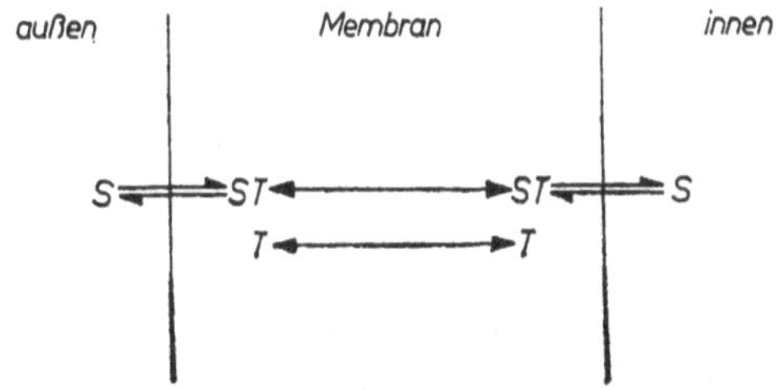

Abb. 15: Einfaches Schema des Trägertransportes durch die Zellmembran (S = Substrat, T = Träger, ST = Substrat-Träger-Komplex)

1.11.7. Aktiver Transport

Von den bisher betrachteten Mechanismen des Membrantransportes ist keiner in der Lage, eine Akkumulation von Substanzen gegen einen Gradienten durchzuführen. Für die Erklärung derartiger Phänomene ist der aktive Transport von Bedeutung. Unter aktivem Transport versteht man den Transport einer Substanz unter Verbrauch von Energie, welche aus dem Stoffwechsel der Zelle stammt. Häufig ist ein aktiver Transport gleichzeitig ein „Bergauf"-Transport. Jedoch konnten unter bestimmten Bedingungen „Bergauf"-

Transporte stattfinden, die ohne Beteiligung von chemischer Energie ablaufen. Ein wichtiger Hinweis für das Vorliegen eines aktiven Transportes stellt die Abweichung von der USSINGschen Fluxgleichung dar:

$$M_{12}/M_{21} = (c_1/c_2) \cdot e^{ZEF/RT}$$

M_{12} und M_{21}: die Fluxe des zu betrachtenden Teilchens in beiden Richtungen der Membran, c_1 und c_2: die Konzentrationen des Teilchens beiderseits der Membran, E: das elektrische Potential, F: die FARADAYsche Zahl, T: die absolute Temperatur, R: die allgemeine Gaskonstante, Z: die Ladung der Teilchen.

Ist der numerische Wert der Gleichung größer als berechnet, spricht das sehr für das Vorliegen eines aktiven Transportes, ist er kleiner als berechnet, so liegt ein als Austauschdiffusion bezeichneter Vorgang vor, d. h. ein Austausch ohne Nettotransport. Der Austauschtransport ist ein Sonderfall des Trägertransportes. Er verläuft ohne Nettotransport bei hoher Sättigung des Trägers auf beiden Seiten der Membran.

Man stellt sich den aktiven Trägertransport formal so vor, daß durch die chemische Energie (z. B. ATP) der Zelle der Carrier auf einer Seite der Membran chemisch verändert wird; dabei entsteht eine Form des Trägers, welche sich durch eine hohe Affinität zu dem zu transportierenden Molekül auszeichnet. Dieser aktive Träger geht dann mit dem Substrat einen Komplex ein, diffundiert durch die Zellmembran und wird in einer zweiten Reaktion wiederum so modifiziert, daß er seine Affinität zum Substratmolekül verliert und dieses in Freiheit setzt. Nach der Rückdiffusion des freien Carrier kann der Cyclus von neuem ablaufen.

Systeme, welche derartige Transportprozesse verursachen, werden häufig als *Pumpen* bezeichnet. Beispiele für derartige Pumpen sind die später näher besprochenen *Ionenpumpen-ATPasen* und auch die *Permeasen* (S. 65ff Teil IV).

1.11.8. Pinocytose

Die *Pinocytose* ist mit dem bekannten Vorgang der *Phagocytose* vergleichbar. Bei der Phagocytose werden von amöboid-beweglichen Zellen (Amöben, Leucocyten) größere Partikel, z. T. ganze Bakterien aufgenommen. Diese Partikel werden dabei von Ausläufern der Zelle buchstäblich umflossen (Kontraktilität der Protoplasmarinde) und nach Fusion der Protoplasmaausläufer der Zelle einverleibt, wodurch das aufzunehmende Teilchen zunächst in Form eines mikroskopischen Tröpfchens in die Zelle gelangt.

Bei der Pinocytose liegen die Dimensionen, in denen sich diese Vorgänge abspielen, im elektronenmikroskopischen Bereich. Der Vorgang der Pinocytose besteht darin, daß Makromoleküle oder kleine Partikel an der Oberfläche der Membran adsorbiert werden und sich danach an dieser Stelle Invaginationen der Zellmembran ausbilden, welche die aufzunehmenden Partikel bzw. Makromoleküle aufnehmen. Diese Invaginationen lösen sich im nächsten Schritt von der Zellmembran ab und gelangen als sog. Pinocytosebläschen in das Cytoplasma der Zelle. Dort kann die Membran des Bläschens aufgelöst werden. wodurch die aufgenommenen Substanzen in Kontakt mit den übrigen Zellbestandteilen kommen und danach weiter umgesetzt werden können. Die Pinocytose liefert das Verständnis für den Eintritt von Makromolekülen, z. B. Proteinen, in das Innere der Zelle. In bestimmten Geweben und Organen, z. B. in der Niere, der Leber und der Darmschleimhaut, spielen pinocytoseähnliche Vorgänge offensichtlich eine große Rolle (s. Teil III). Abb. 16 gibt eine Zelle des proximalen Nierentubulus wieder, an der die Pinocytose schematisch dargestellt ist. Der Vorgang der Pinocytose belegt, daß die äußere Zellmembran kein erstarrtes Produkt der Zelle ist, sondern eine dynamische Struktur, die einen erheblichen Formwandel aufweist, darstellt.

Nach Holter wird der Pinocytosevorgang unter bestimmten Bedingungen bevorzugt ausgelöst. Er wird z. B. bei der Anwesenheit von Proteinen und Kohlenhydraten in besonderem Maße aktiviert. Während des Vorganges der Pinocytose wird ebenso wie bei der Phago-

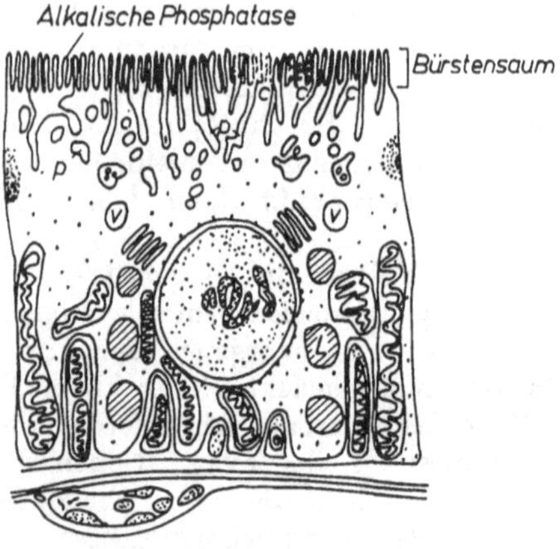

Abb. 16: Schema einer Zelle des proximalen Nierentubulus
p Mikropinocytose-Bläschen, v größere Vakuolen,
c canaliculäre Struktur, L Lysosomen

cytose eine erhebliche Steigerung der Stoffwechselaktivität beobachtet. Im Zustand vermehrter Vesikelbildung steigt die Atmung der Zellen auf ein Mehrfaches an, auch wurden Steigerungen des direkten Abbauweges der Glucose bis zum Zehnfachen der Norm beobachtet. Der Prozeß ist abhängig von den Magnesium- und Calcium-Konzentrationen und kann durch eine Reihe von Stoffwechselinhibitoren gehemmt werden. Die Pinocytose stellt somit eine aktive Zelleistung dar, die Energie aus dem Stoffwechsel benötigt. Auf derartige Beziehungen deuten auch die auf Tafel 8/1 dargestellten Anhäufungen von Mitochondrien in der Nähe der Pinocytosekanälchen von Amöben hin.

1.11.9. *Aktiver Kationentransport*

Zur Erklärung der ungleichen Ionenverteilung zwischen Zelle und Medium sind schon seit geraumer Zeit aktive Vorgänge gefordert worden, durch die die Ionen entgegen dem Konzentrationsgefälle bewegt werden können. Tab. 3 gibt die ungleiche Verteilung der Kationen zwi-

Tabelle 3:

Kationenverteilung zwischen Erythrocyten und Blutplasma (mÄqu./l)

	Erythrocyten	Blutplasma
Na^+	21	143
K^+	95	5
Mg^{++}	2,5	2
Ca^{++}	0	5

schen dem Inneren der Erythrocyten und dem Blutplasma wieder. Durch aktive Leistungen der Erythrocyten wird die Ungleichverteilung aufrechterhalten. Eine wesentliche Rolle spielen derartige Ionenbewegungen auch bei den Prozessen der Nervenerregung und bei der Kontraktion des Muskels. Man hat die Mechanismen, die für die Aufrechterhaltung bzw. Wiederherstellung des Konzentrationsgradienten zwischen Zelle und Medium verantwortlich sind, als „Pumpen" bezeichnet. Die ersten Untersuchungen in dieser Richtung zeigten, daß Erythrocyten, welche in der Kälte aufbewahrt werden, ihr Kalium verlieren und Natrium aufnehmen. Bei 38 °C jedoch kommt es mit Glucose als Substrat der Glykolyse wieder zur Aufnahme von Kalium unter Austritt des Natriums. Ein Kaliumverlust kann bei gleichzeitigem Natrium-Einstrom ebenfalls durch die Verwendung von Stoffwechselinhibitoren verursacht werden. Für den aktiven Kaliumtransport in die Zelle ist ATP unmittelbar notwendig (STRAUB). Der Akkumulationsprozeß wird energetisch aus der ATP-Spaltung angetrieben. Es muß also in der Membran ein Enzym bzw. ein Enzymsystem vorhanden sein, welches unter ATP-Spaltung zu einer Kalium- und Natrium-Verschiebung über die Zellmembran hinweg führt.

Heute wird allgemein angenommen, daß die Ungleichheiten in der Verteilung von K^+ und Na^+ zwischen Zelle und Medium auf die Wirksamkeit einer membrangebundenen ATPase zurückzuführen ist. Diese wird durch K^+- und Na^+-Ionen aktiviert. Man bezeichnet sie als Transport-ATPase. Enzyme dieses Typs konnten in Cytoplasmamembranen, ergastoplasmatischen Membranen und Mitochondrienmembranen nachgewiesen werden. Charakteristisch für die ATPase der Cytoplasmamembran ist ihre spezifische Hemmbarkeit durch das Herzglykosid Ouabain in sehr niedrigen Konzentrationen. Parallel mit dieser Eigenschaft geht die Tatsache einher, daß Ouabain auch den Na^+-K^+-Transport durch die Zellmembran hemmt. Hingegen ist der mitochondriale Na^+-K^+-Transport Ouabain-unempfindlich.

1.11.10. Permeasen

Als *Permeasen* werden Systeme bezeichnet, die einen aktiven Transport von verschiedenen Substraten hervorrufen und die vor allem bei Mikroorganismen vorkommen. Man darf auf Grund des Namens nicht annehmen, daß es sich um einfache Enzyme handelt, die isoliert oder auch kristallisiert werden können. Es handelt sich bei den Permeasen vielmehr um Systeme, die wahrscheinlich aus mehreren Komponenten bestehen und offensichtlich vorwiegend in der Zellgrenzfläche lokalisiert sind. Sie führen zu einer starken Akkumulation verschiedener Substrate in den Zellen gegenüber dem Medium. Die Ausbildung derartiger Systeme stellt geradezu eine Voraussetzung für die rasche Wachstumsgeschwindigkeit der Bakterien dar, weil durch das Vorhandensein dieser Systeme die notwendigen Stoffkonzentrationen für die synthetischen Vorgänge innerhalb der Zelle gewährleistet werden. Die Bakterienzelle ist durch das Vorhandensein der Permeasen in der Lage, auch in relativ verdünnten Substrat-Lösungen mit hoher Geschwindigkeit zu wachsen. Die Permeasesysteme zeichnen sich durch eine hohe Spezifität und Affinität zu ihren Substraten aus. Das klassische Beispiel einer Permease ist die von MONOD u. a. beschriebene β-Galaktosidpermease, ein System, welches β-Galaktoside im Inneren der Zellen von *E. coli* um mehrere Größenordnungen gegenüber dem Medium zu akkumulieren vermag. Permeasen stellen genetisch fixierte Eigenschaften der Bakterienzelle dar und sind demzufolge entweder konstitutiv oder können unter bestimmten Bedingungen induziert werden (s. S. 121ff Teil IV).

Es ist ein Charakteristikum der Permeasen, daß die von ihnen transportierten Stoffe in der Zelle chemisch nicht verändert vorliegen. Wenn die transportierten Substrate rasch im Stoffwechsel verbraucht werden, kann häufig keine Akkumulation beobachtet werden, und der Nachweis einer Permease gelingt nur durch besondere Kunstgriffe. Permeasen sind bisher bei verschiedenen Bakterien und Hefen beschrieben worden. Sie sind für den Transport einer ganzen Reihe verschiedener Kohlenhydrate, sowie von Aminosäuren und bestimmten Ionen verantwortlich. Über den Mechanismus der Permeasewirkung herrscht noch keine Klarheit. Es wird angenommen, daß einmal ein spezifischer Adsorptionsschritt an der Zelloberfläche eine Rolle spielt, zum anderen auch ein typischer Trägertransport beteiligt sein kann und schließlich eine enge Kopplung mit einem energieliefernden Prozeß innerhalb der Zelle besteht. Durch Permeasen akkumulierte Substanzen befinden sich innerhalb der Zellen in einem osmotisch aktiven Zustand. Dies konnte durch Untersuchung von zellwandlosen Protoplasten bzw. Sphäroplasten gezeigt werden.

Von besonderer Bedeutung für das Verständnis des Membrantransportes ist der Nachweis substratbindender Proteine in den Zellmembranen. Bei induzierbaren Systemen treten parallel mit der Induktion von Permeasen Proteine in den Membranen auf, die die Fähigkeit besitzen, diejenigen Substrate zu binden, für die das Transportsystem induziert wurde. Dies wurde für verschiedene Aminosäuren, sowie für Sulfat und Galaktose beobachtet. Man kann vermuten, daß diese bindenden Eiweiße Komponenten des Transportsystems darstellen, da sie für den ersten Teilschritt dieses Prozesses, die Anheftung der zu transportierenden Substanz an die Membran, verantwortlich sind. Einige dieser Proteine lassen sich durch einen osmotischen Schock von Bakterienmembranen abtrennen. Aus dem induzierten Lactose-Transport-System von *E. coli* ließ sich ein Protein abtrennen (M-Protein), das die Fähigkeit hat, Galaktoside spezifisch zu binden.

Es gelang, nähere Einblicke in das Transportsystem für Zucker bei *E. coli* zu gewinnen. Es besteht aus drei Proteinkomponenten, dem Enzym I (ein lösliches Protein), der Enzymfraktion II (vorwiegend aus partikulären Membranbestandteilen bestehend) und dem löslichen, niedrigmolekularen, hitzestabilen Protein HPr. Das Transportsystem, welches Phosphoenolpyruvat als Substrat benötigt, funktioniert wahrscheinlich auf folgende Weise:

$$\text{Phosphoenolpyruvat} + \text{HPr} \xrightleftharpoons{\text{Enzym I}} \text{Pyruvat} + \text{Phospho-HPr}$$

$$\text{Phospho-HPr} + \text{Zucker (außen)} \xrightleftharpoons{\text{Enzym II}} \text{HPr} + \text{Zucker-6-P (innen)}$$

Die Kohlenhydratspezifität wird durch das Enzym II vermittelt, welches aus mehreren Komponenten aufgebaut ist. Demnach sollte das Zuckertransportsystem bei *E. coli* eine Phosphotransferase darstellen.

1.11.11. Weitere aktive Transportvorgänge

Außer den bisher beschriebenen sind bei den verschiedensten Zellen und Geweben noch eine ganze Reihe weiterer aktiver Transportvorgänge nachweisbar. Beispiele hierfür sind Vorgänge in den Nierentubuli, in der Darmschleimhaut, in Muskelzellen, Nervenzellen und auch in Tumorzellen. Neben Ionen werden vor allem Zucker und Aminosäuren aktiv und gegen das Konzentrationsgefälle von den Zellen aufgenommen bzw. abgegeben. Es sei auch auf die bei einer Reihe von Objekten zu beobachtenden Kopplungserscheinungen von Ionen- und Zucker- bzw. Aminosäuretransporten hingewiesen. So ist die Zuckeraufnahme in der Darmmucosa abhängig von der Anwesenheit von Natrium im Darmlumen und wird bei Erhöhung der Natriumkonzentration gesteigert.

2. Biosynthese der Proteine

Die Eiweiße der meisten Lebewesen befinden sich in einem sogenannten *dynamischen Zustand*, d. h. sie sind einem ständigen Auf- und Abbau unterworfen. Die Erneuerungsgeschwindigkeit der Eiweiße ist in den verschiedenen Organen und Organismen unterschiedlich. Sie kann beträchtliche Werte erreichen. Das Pankreas produziert beträchtliche Mengen Eiweiß in Form von Verdauungsenzymen; die perfundierte Hundeleber vermag 12 mg Plasmaalbumin pro Minute pro kg Lebergewicht zu synthetisieren. Insgesamt kann eine menschliche Leber etwa 40—50 g Eiweiß (Lebereiweiß, Plasmaproteine) pro Tag aufbauen. Das Problem der biologischen Eiweißsynthese ist von grundlegender Bedeutung. Handelt es sich doch hierbei um die Synthese von hochspezifischen, makromolekularen Substanzen, deren Aminosäuresequenz (Primärstruktur) und dadurch auch ihre Sekundär- und Tertiärstruktur genau determiniert sind. An der Proteinsynthese sind relativ einfache Reaktionen der Aminosäureaktivierung und komplizierte Mechanismen bei der Festlegung der Polypeptidstruktur und der Fertigstellung des Makromoleküls beteiligt. Schon längere Zeit ist bekannt, daß die RNS eine wichtige Rolle bei der Synthese von Eiweißen spielt (Caspersson; Brachet). Man fand beispielsweise, daß RNS besonders reichlich in wachsenden und sich teilenden Zellen (regenerierende Leber, Eizellen, Wurzelspitzen von Pflanzen usw.) enthalten ist. Auch das Pankreas ist RNS-reich. Die Verteilung der RNS innerhalb der Pankreaszelle steht in einem charakteristischen Zusammenhang mit dem Funktionsrhythmus der die Verdauungsenzyme synthetisierenden Drüsenzellen. Der RNS-Gehalt der Spinndrüsen von Seidenspinnerraupen, die das Eiweiß Seidenfibroin in großen Mengen synthetisieren, ist extrem hoch.

Hinweise auf die Bedeutung der RNS für die Proteinsynthese erhielt man weiterhin aus Untersuchungen an zellfreien Systemen oder an Objekten, in denen die Eiweißsynthese durch RNase stark gehemmt werden konnte. Richtungsweisend für die weitere Forschung war die Verwendung von markierten Aminosäuren und anderen markierten Substanzen in Kombination mit den Methoden der Zellfraktionierung. Dabei wurde gefunden, daß die Ribosomen, die die RNS-reichsten Orte der Zellen sind, markierte Aminosäuren rasch aufnehmen und diese in die Peptidbindung überführen. Später wurden *in vitro*-Systeme zum Studium der Eiweißsynthese benutzt, die aus Ribosomen und partikelfreier cytoplasmatischer Flüssigkeit bestanden. Auch der kernlose Teil der Alge Acetabularia stellt ein Versuchsobjekt dar. In diesen bleibt die Fähigkeit zur Eiweißsynthese lange erhalten. Gleiches gilt auch für die Hämoglobinsynthese in Reticulocyten (jugendliche, kernlose, RNSenthaltende Erythrocyten), die über sehr stabile Ribosomen verfügen. Tiefere Einblicke in die Zusammenhänge von RNS und Proteinsynthese erhielt man aus der Virusforschung. Es wurde erkannt, daß die RNS der RNS-haltigen Viren (pflanzenpathogene sowie einige tierpathogene Viren und manche Bakteriophagen) infektiöse Eigenschaften besitzt, d. h. die Synthese von Virusprotein innerhalb der befallenen Zellen anzuregen vermag.

Alle diese Befunde weisen auf enge Wechselwirkungen zwischen der RNS und der Synthese von Proteinen hin. Vielfältige Untersuchungen an Objekten und Systemen, die mit den verschiedensten Methoden durchgeführt wurden, erlaubten tiefe Einblicke in das komplizierte Enzymsystem der Proteinsynthese. Im Folgenden sollen die Einzelabschnitte der biologischen Eiweißsynthese besprochen werden.

2.1. Aktivierung der Aminosäuren

Die Entdeckung, daß in Mikroorganismen und anderen zellfreien Systemen verschiedene Aminosäuren den *ATP-Pyrophosphat-Austausch* steigern können, führte in Verbindung mit anderen Experimenten zur Aufklärung des Mechanismus der Aminosäureaktivierung. Diese besteht in einer *Aktivierung* der *Carboxylgruppe* mittels ATP und einer Gruppe von Enzymen, die in den meisten Zellen in löslicher Form vorkommen und bei pH 5 gefällt werden können (*pH-5-Enzyme*; *aminosäureaktivierende Enzyme*).

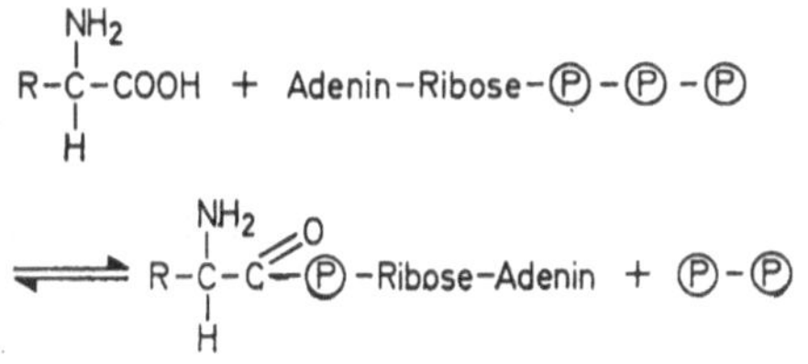

Bei der Aktivierung der Aminosäure bildet sich ein *gemischtes Anhydrid* zwischen der Carboxylgruppe der Aminosäure und dem Phosphatrest des AMP mit hohem thermodynamischen Übertragungspotential (*Aminoacyladenylat-Verbindung*). Charakteristisch ist, daß das Aminoacyladenylat nicht in freier Form auftritt, sondern fest an das Enzymprotein gebunden ist und sich deshalb innerhalb der Zelle nicht anhäuft.

2.2. Übertragung des Aminoacylrestes auf lösliche RNS (Transfer-RNS, t-RNS)

Unmittelbar an die Aktivierung der Aminosäure schließt sich die *Übertragung* des enzymgebundenen Aminosäureadenylates auf die t-RNS unter Bildung einer kovalenten Aminosäure-RNS-Verbindung an.
Enz — AS — AMP + t-RNS → Enz + t-RNS-AS + AMP

t-RNS weist folgende Gruppenmerkmale auf: Sie hat ein relativ niedriges Molekulargewicht, enthält Pseudouridylsäure und einige methylierte Purin- und Pyrimidinbasen und besitzt spezifische Endgruppen (s. S. 136ff., Teil I).

Beide Prozesse, die Aktivierung und die Übertragung einer bestimmten Aminosäure werden durch ein und dasselbe Enzym katalysiert. Der heute gebräuchliche Name dieses Enzymtyps ist *Aminoacyl-RNS-Synthetase.* Das Molekulargewicht dieser Enzyme liegt bei etwa 100000. Wie schon erwähnt, besitzt jede der 20 in Proteinen vorkommenden Aminosäuren ihre spezifische Aminoacyl-RNS-Synthetase. Aus verschiedenen biologischen Species isolierte Synthetasen, die für ein und dieselbe Aminosäure spezifisch sind, weisen jedoch untereinander artspezifische Unterschiede auf. Die Spezifität der Aminoacyl-RNS-Synthetasen ist sehr ausgeprägt. So reagiert die Tyrosyl-RNS-Synthetase nur mit Tyrosin, nicht aber mit irgendeiner anderen der natürlich vorkommenden L-Aminosäuren. Jedoch ist bei diesem Enzym die Stereospezifität nicht hoch: das Enzym aus Mikroorganismen vermag sowohl mit L- als auch mit dem unnatürlichen D-Tyrosin zu reagieren.

Interessant ist das Verhalten der Isoleucyl-RNS-Synthetase, die einerseits zwei verschiedene t-RNS als Aminoacylacceptoren für Isoleucin benutzt, andererseits sowohl mit Isoleucin, als auch mit Valin reagiert. Allerdings bildet sie mit Valin lediglich das Valyladenylat, vermag aber nicht Valyl-t-RNS zu bilden. Der Grund hierfür scheint zu sein, daß die t-RNS auf bisher unerklärliche Weise Valyl-Adenylat so rasch spaltet, daß eine Übertragung des Valylrestes auf die RNS selbst nicht möglich ist.

Es steht außer Zweifel, daß es für ein und dieselbe Aminosäure mindestens eine spezifische, meist jedoch mehrere verschiedene, jedoch jeweils hochspezifisch wirkende t-RNS-Species gibt. Hingegen sprechen die meisten Versuche dafür, daß für jede Aminosäure nur jeweils eine Aminoacyl-RNS-Synthetase existiert. Allerdings gibt es Hinweise darauf, daß in verschiedenen Zellorganellen, wenn sie mit jeweils eigenen Proteinsyntheseapparaten ausgerüstet sind, auch spezifische Formen dieser Enzyme auftreten können. Letztere haben auch ihre eigenen Acceptor-RNS-Formen, zwischen denen Kreuzreaktionen nicht möglich sind. So sind spezifische mitochondriale t-RNS-Typen und Aminoacyl-RNS-Synthetase-Formen, z. B. für L-Phenylalanin, nachgewiesen worden.

Die *Bildung* des *Aminosäure-RNS-esters* unterliegt wie oben ausgeführt einer *doppelten Kontrolle.* Das jeweilige aminosäureaktivierende Enzym weist eine hohe, jedoch keine absolute Spezifität für die betreffende Aminosäure auf. Der 2. Schritt, die Aminoacylübertragung, ist jedoch durch eine extrem hohe Selektivität gekennzeichnet. Außer der für die betreffende Aminosäure verantwortlichen t-RNS ist der vollständige Aminosäure-AMP-Enzym-Komplex zur Gewährleistung der Übertragungsspezifität nötig.

Bei Vorhandensein mehrerer Aminosäuren mit ihren

zugehörigen Enzymen und den entsprechenden Typen t-RNS werden keine Konkurrenzerscheinungen zwischen den verschiedenen Aminosäuren beobachtet. Jede Aminosäure wird also unabhängig von der anderen an „ihre“ RNS-Kette geknüpft.

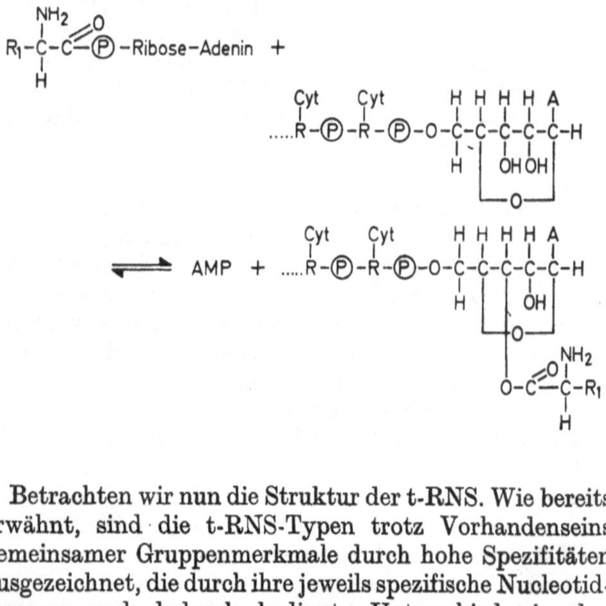

Betrachten wir nun die Struktur der t-RNS. Wie bereits erwähnt, sind die t-RNS-Typen trotz Vorhandenseins gemeinsamer Gruppenmerkmale durch hohe Spezifitäten ausgezeichnet, die durch ihre jeweils spezifische Nucleotidsequenz und dadurch bedingte Unterschiede in den höheren Strukturen zum Ausdruck kommen. Charakteristisch für alle t-RNS ist die Sequenz Cytidylsäure-Cytidylsäure-Adenosin an dem einen Ende der einzelfädigen Kette und das Vorkommen von zumeist Guanylsäure am anderen Ende (S. 136, Teil I; S. 222, Teil III). Ihr Molekulargewicht beträgt übereinstimmend ungefähr 25000 und besteht jeweils aus etwa 80 Nucleotidresten.

Die Aminosäure-Acceptor-Funktion der t-RNS wird dadurch verwirklicht, daß sie den Aminoacylrest des enzymgebundenen Aminosäureadenylates aufnimmt und diesen in reversibler Reaktion an das C-Atom 2 oder 3 der Ribose des endständigen Adenosinrestes in Form eines Esters bindet.

Nachdem von HOLLEY 1965 die vollständige Nucleotidsequenz der alaninspezifischen t-RNS (t-RNS^{Ala}) aus Hefe ermittelt und damit erstmals die Primärstruktur einer Nucleinsäure überhaupt aufgeklärt wurde, sind in der Zwischenzeit von BAYEV, ZACHAU u. a. eine Reihe weiterer t-RNS-Spezies strukturell aufgeklärt worden, z. B. t-RNS^{Val}, zwei verschiedene t-RNS^{Ser}, t-RNS^{Tyr}, t-RNS^{Phe}).

Unter der Annahme einer maximalen Zahl möglicher Wasserstoffbrücken wurde eine „Kleeblatt"-Form als Sekundärstruktur der t-RNS entwickelt (s. 136, Teil I). Nach erfolgreicher Kristallisation der t-RNS ging man an die Aufklärung ihrer Tertiärstruktur. Einzelne Abschnitte der Kleeblattstruktur weisen helicale Strukturen auf. Das Molekül ist sehr kompakt. Bei höheren Temperaturen (etwa 65—70 °C) tritt unter Verlust ihrer Aminosäure-Acceptor-Eigenschaften bei der t-RNS ein Helix→Knäuel-Übergang ein. Eine intakte Tertiär-Struktur der t-RNS ist Voraussetzung für ihre biologischen Funktionen.

Aus der Wirkungsweise der t-RNS folgt, daß sie wenigstens drei Funktionen erfüllen muß: 1. Sie hat hochspezifisch die entsprechende Aminosäure aufzunehmen; diese Reaktion wird wie erwähnt durch die Aminoacyl-RNS-Synthetase katalysiert. 2. Sie hat im Verlauf der Proteinsynthese mit den Ribosomen in Wechselwirkungen zu treten, 3. Sie hat den Aminosäurerest wiederum sehr spezifisch an das zuständige Nucleotidtriplett der Messenger-RNS zu bringen. Für diese Funktionen bedarf es bestimmter „Erkennungsregionen" im t-RNS-Molekül. Über die Ribosomenbindungsregion (Punkt 2) gibt es gegenwärtig nur Vermutungen. Man nimmt an, daß sie allen t-RNS-Typen gemeinsam ist und durch die thyminhaltige T-Schleife repräsentiert wird (Abb. 17).

In der Erkennungsregion für die Synthetase (Punkt 1) wird ein wichtiges allgemeines Problem der Molekularbiologie deutlich, nämlich das Problem der Möglichkeit spezifischer Wechselwirkungen zwischen einer Poly-

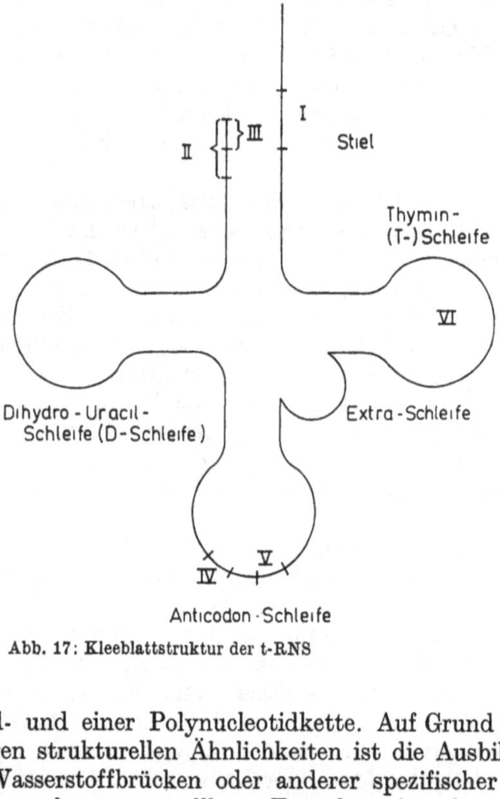

Abb. 17: Kleeblattstruktur der t-RNS

peptid- und einer Polynucleotidkette. Auf Grund ihrer geringen strukturellen Ähnlichkeiten ist die Ausbildung von Wasserstoffbrücken oder anderer spezifischer Bindungen schwer vorstellbar. Trotzdem bestehen aber zwischen der Aminoacyl-RNS-Synthetase und der zugehörigen t-RNS hochspezifische Erkennungseigenschaften, die für die „fehlerfreie" Proteinsynthese von größter Bedeutung sind. Wenn eine Aminosäure an eine t-RNS-Kette angehängt ist, so wird sie auch gemäß den Eigenschaften des RNS-Moleküls an eine bestimmte Stelle in das neu synthetisierte Protein eingebaut. Die Aminosäure selbst bestimmt von dieser Stufe ab ihre Position in der Polynucleotidkette nicht mehr, dies wird durch die t-RNS bewerkstelligt. Zu dieser Vorstellung führten Versuche mit cysteintragender t-RNS. Wandelt man das nucleinsäuregebundene Cystein chemisch in Alanin um, so befindet sich in der neu gebildeten Polypeptidkette anstelle des Cysteins das Alanin.

Daraus wird ersichtlich, welch hohe Spezifitäten in den Synthetase-t-RNS-Wechselwirkungen liegen müssen. Jeder Fehler in dieser Reaktionsfolge, der z. B. einträte, wenn die t-RNS für die Aminosäure Isoleucin anstatt mit dieser Aminosäure mit Valin oder einer anderen Aminosäure beladen würde, würde unweigerlich zum Einbau einer falschen Aminosäure in die Polypeptidkette und damit zur Bildung eines anormalen Proteins führen.

Eine interessante Erscheinung ist, daß Artspezifitäten bei der Übertragung des Aminoacyl-Restes auf die t-RNS existieren. So übertragen die aminoacylaktivierenden Enzyme aus *E. coli* den Aminosäurerest nicht auf die entsprechenden t-RNS-Typen aus Hefe bzw. Leber oder umgekehrt.

Einblicke in die obengenannten Erkennungsregionen 1 (Synthetase-Erkennungsregion) und 3 (Messenger-RNS- oder Matrizen-Erkennungsregion) wurden bei der Untersuchung des Verhaltens von t-RNS gewonnen, die chemisch oder enzymatisch in Bruchstücke gespalten wurden. Letztere vermögen unter Ausbildung von Wasserstoffbrücken zu reassoziieren und unter bestimmten Bedingungen ihre Acceptoreigenschaften wieder zu erlangen. Ein ideales Experimentierfeld entstand für das Studium von Struktur-Funktions-Beziehungen bei der t-RNS, als man fand, daß auch t-RNS-Fragmente rekombinierten, von denen bestimmte Nucleotidreste abgespalten wurden. Die Experimente ergaben für die Acceptor-Eigenschaften von t-RNS^{Ala}_{Hefe} eine Erkennungsregion in den Nucleotidresten 5, 6 und 7 (von ACC-Ende ausgerechnet), die im Stiel der Kleeblatt-Struktur gelegen sind. In der Abb. 17 sind die Synthetase-Erkennungsregionen, die bei einer Reihe von t-RNS-Typen ermittelt wurden, wiedergegeben (Bayev, Chambers) (I, II, III, IV). Die Matrizen-(Messenger- oder Codon-)Erkennungsregion liegt in der dem Stiel gegenüber gelegenen Anticodonschleife. Sie wird durch ein Nucleotidtriplett repräsentiert (V). Die hochspezifischen Anticodon-Codon-Wechselwirkungen erfolgen durch Wasserstoffbindungen nach dem Prinzip der komplementären Basen, wie sie durch das Watson-Crick-Modell wiedergegeben wurden. (Über die Bindung nach der Wobble-Paarungsregel s. S. 114, Teil IV).

2.3. *Übertragung des Aminoacyl-Restes auf Ribosomen*

2.3.1. *Boten- oder Messenger-(m-)RNS*

Nach Infektion von *E. coli* mit T_2-Phagen (S. 94ff, Teil IV) konnte aus den Zellen RNS isoliert werden, deren Basen-Verhältnisse mit denen der T_2-DNS übereinstimmen. Auch in normalen Zellen wurde ein RNS Typ gefunden, dessen Basenzusammensetzung der DNS entsprach. Charakteristisch für diese RNS ist, daß sie nur in sehr kleinen Mengen vorkommt und metabolisch instabil ist. Es wurde erkannt, daß diese RNS die genetische Information für die Aminosäuresequenz in den Proteinmolekülen in verschlüsselter Form enthält. Diese Eigenschaft gab diesem RNS-Typ den Namen *Boten-* oder *Messenger-RNS*. Infolge der *Instabilität der Boten-RNS* (die durchschnittliche Lebenszeit eines Boten-RNS-Moleküls bei Bacillus subtilis beträgt etwa zwei Minuten) und ihrer geringen Menge (etwa 2% der totalen RNS einer Zelle) mußten besondere Schwierigkeiten beim Studium dieses Nucleinsäuretyps überwunden werden. Ihr Molekulargewicht ist heterogen, es liegt im Durchschnitt bei 300000–500000. Ihre hohe Umsetzungsgeschwindigkeit bringt es mit sich, daß sie bei Zugabe von ^{14}C-Uracil zum Kulturmedium schon innerhalb einiger Sekunden markiert ist.

Die *Synthese* der *Boten-RNS* weist eine unmittelbare Abhängigkeit von der *DNS* auf (s. S. 220, Teil III). *In vitro*-Versuche belegen diese Zusammenhänge. Es sind RNS-Polymerasen in Leber, Thymus-Zellkernen, Mikroorganismen und Pflanzen nachgewiesen worden. Sie benötigen DNS, welche sich einzeln und doppelsträngig als Startmolekül eignet, sowie alle vier Nucleosidtriphosphate. Das unmittelbar entstehende Produkt ist ein *DNS-RNS-Hybrid.* Diese Hybride sind sowohl *in vivo* als auch *in vitro* nachgewiesen worden. Die Nucleotidzusammensetzung des neugebildeten RNS-Stranges entspricht der des DNS-Mutterstranges; die Nucleotidsequenz der Boten-RNS wird durch die Nucleotidsequenz des DNS-Stranges nach dem Prinzip der *Basenpaarung* festgelegt (Tab. 4). Anstelle des DNS-spezifischen Thymins befindet sich in der neugebildeten RNS-Kette die Base Uracil.

Tabelle 4:

Basenzusammensetzung der DNS und RNS normaler und phageninfizierter Zellen von *Escherichia coli*

	Mole Base pro 100 Mole identifizierter Nucleotide					
	A	C	G	U bzw. T	Purin / Pyrimidin	A + T(U) / G + C
normale Zellen						
DNS	24–25	25–26	25–26	24–25	0,96–1,04	0,92–1,00
ribosomale RNS	25,2	21,6	31,5	21,7	1,30	0,88
Boten-RNS	25,1	24,1	27,1	23,7	1,09	0,95
Lotsen-RNS	20,3	28,9	32,1	15,0	1,12	0,64
phageninfizierte Zellen						
T_2-DNS	32	17	18	32	0,98	1,83
Boten-RNS	31	17	20	31	1,06	1,68

Die DNS-abhängige RNS-Polymerase aus *E. coli* besitzt eine hochkomplizierte molekulare Architektur. Sie ist aus fünf verschiedenen Untereinheiten aufgebaut: β, β', α_2, σ, ω (Tab. 5). Außer den in Tab. 5 aufgeführten Faktoren wurde aus *E. coli* noch der ϱ-Faktor isoliert, der die Aufgaben hat a) die RNS-Synthese spezifisch zu beenden und b) das neugebildete RNS-Molekül von der DNS-Matrize abzulösen. Der Wirkungsmechanismus des Enzyms wurde in Teil III eingehend beschrieben.

Tabelle 5:

Aufbau der DNS-abhängigen RNS-Polymerase

Untereinheit	Molekulargewicht	Zahl	Funktion
β'	165000	1	Polynucleotidbindung
β	155000	1	
α	39000	2	?
σ	95000	1	Kontrollfaktor für Start der RNS-Synthese
ω	9000	1	?

Über die molekulare Struktur und Wirkungsweise der tierischen DNS-abhängigen RNS-Polymerase ist man vergleichsweise nur ungenügend unterrichtet.

Die im *Zellkern* an der DNS synthetisierte *Boten-RNS wandert* in Form von Ribonucleoproteiden aus dem Zellkern heraus und gelangt in das *Cytoplasma*, wo sie sich auf spezifische Weise mit dem Ribosom verbindet. Diese Messenger-RNS-Proteinkomplexe werden nach SPIRIN als Informosomen bezeichnet. Sie übertragen die in der DNS enthaltene Information aus dem Zellkern auf den Proteinsyntheseapparat des Cytoplasmas.

2.3.2. Ribosomen und Polysomen

Bevor wir die Beteiligung der Boten-RNS an der Eiweißsynthese weiter verfolgen, seien einige Eigenheiten der Ribosomen und ihr Sedimentationsverhalten besprochen. Ribosomen sind RNS-reiche, dichte Partikel des ergastoplasmatischen Reticulums (s. S. 42ff., Teil IV). Aus ihrer chemischen Zusammensetzung sowie ihrem physikalisch-chemischen Verhalten unter verschiedenen Bedingungen können eine Reihe wichtiger Eigenschaften abgeleitet werden, die mit ihren biologischen Funktionen eng zusammenhängen. Die Stabilität der Ribosomen *in vitro* hängt von der Mg^{++}-Konzentration ab. Bei 1 mM Mg^{++} beträgt die Sedimentationskonstante der *E.-coli*-

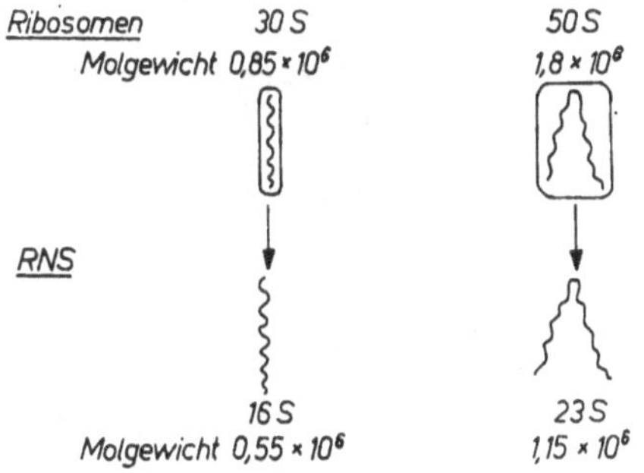

Abb. 18: Aufbau der Ribosomen aus *E. coli* (nach WATSON)

Ribosomen 70 S. Ribosomen mit dem gleichen S-Wert findet man in allen Prokaryonten (Bakerien und blaugrünen Algen). Dies entspricht einem Molekulargewicht von etwa 3×10^6 Dalton. Bei Erniedrigung der Mg^{++}-Konzentration auf 0,1 mM spalten sich diese Partikel auf und liefern eine Mischung von 50 S und 30 S. Zerfall und Aggregation sind reversible Prozesse, sie werden durch die jeweilige Mg^{++}-Konzentration ausgelöst. Nach Isolierung der RNS aus den Ribosomen (diese bestehen zu etwa 50% aus RNS und zu 50% aus Eiweiß) lassen sich in diesen 2 Komponenten, nämlich 16 S- und 23 S-Partikel nachweisen. Die 16 S-Komponente stammt dabei aus den 30 S-Partikeln, die 23 S-Komponente aus den 50 S-Partikeln (Abb. 18). Außerdem enthalten die 50 S-Partikel noch eine 5 S-RNS. In den 30 S-Partikeln findet man etwa 20 und in den 50 S-

Teilchen etwa 30 verschiedene Proteinfraktionen (Molgewichte 15–30000). Eukaryonten-Ribosomen haben trotz quantitativer Unterschiede vergleichbare Eigenschaften. Sie besitzen einen S-Wert von 80, welcher einem Molekulargewicht von etwa $4{,}5 \times 10^6$ entspricht. Bei Anwesenheit von Chelatbildnern zerfallen die 80 S-Partikel in 40 S- und 60 S-Untereinheiten. In den Chloroplasten und Mitochondrien der Eukaryonten findet man Ribosomen, die denjenigen der Prokaryonten äußerst ähnlich sind (70 S). Im Vergleich dazu seien die Eigenschaften der Boten-RNS dargestellt: Boten-RNS aus E. coli sedimentiert in einem Saccharose-Gradienten (0,1 mM Mg^{++}) größtenteils als 14 S-Komponente. Phenolextrahierte und gereinigte Boten-RNS sedimentiert mit 8 S. Es scheint, daß normalerweise zwei 8 S-Ketten durch Eiweiß zusammengehalten werden und 14 S-Partikel bilden. Dies könnte die biologisch aktive Boten-RNS sein. Bei Erhöhung der Mg^{++}-Konzentration auf 10 mM sedimentiert die meiste Boten-RNS mit den 70 S-Ribosomen. Es gibt Hinweise darauf, daß die Boten-RNS an die 16 S- und 23 S-Ketten der Ribosomen-RNS gebunden wird. Aus diesen Untersuchungen erwuchs die entscheidende Frage, welche Ribosomenfraktionen zur Proteinsynthese befähigt sind. Es wurde gefunden, daß ein besonderer Typ der 70 S-Ribosomen, die sog. „aktiven 70 S-Ribosomen", Proteinsynthesen durchzuführen vermögen. Diese sind dadurch gekennzeichnet, daß sie nicht so schnell wie die anderen („inaktiven") 70 S-Ribosomen bei niedrigen (0,1 mM) Mg^{++}-Konzentrationen in 30 S- und 50 S-Untereinheiten dissoziieren.

Man fand, daß die Boten-RNS vorwiegend an die aktiven 70 S-Partikel gebunden wird. Auch in aktiven 100 S-Partikeln wird diese RNS gefunden. Es gibt Hinweise darauf, daß bei Zugabe von Boten-RNS (z. B. auch als enzymatisch synthetisierte Polyuridylsäure) die 70 S-Partikel verschwinden und Aggregationsprodukte der 70 S-Ribosomen entstehen. Bei solchen Studien wurden aktive Ribosomen gefunden, die mit 170–240 S sedimentieren.

Weitere Hinweise auf die Existenz derartiger ribosomaler Aggregationsprodukte stammen aus elektronenoptischen Befunden (Ribosomen aus Reticulocyten, Leber, Hela-Zellen und Pilzen). In diesen Aggregaten sind die einzelnen Ribosomen linear aneinandergereiht und bilden Fäden mit einem Durchmesser von 10—15 Å. Im verknäuelten Zustand haben sie einen Durchmesser von etwa 200 Å. Sie bestehen aus vier bis acht, meistens aus fünf 70 S-Ribosomen. Man bezeichnet sie als *Polyribosomen* oder Polysomen. Der elektronenoptisch erkennbare Faden, auf dem die Ribosomen aufgereiht sind, ist aller Wahrscheinlichkeit nach Boten-RNS (Abb. 19, 20).

2.3.3. Zusammenwirken der t-RNS, Boten-RNS und der Polysomen. Der Apparat der Proteinsynthese

Die *Polysomen* stellen die eigentlichen Zentren der Biosynthese der Eiweiße dar. Ihre Boten-RNS ist entscheidend dafür, daß die t-RNS die „richtige" Position einnimmt und auf diese Weise die an dem einen Ende ihrer Kette hängende Aminosäure an die ihr zukommende Stelle im aufzubauenden Proteinmolekül dirigiert. Die Boten-RNS dient demnach als Matrize für die Position der t-RNS. Verantwortlich für die genaue Placierung der t-RNS entlang der Matrize scheint das ungepaarte Nucleotidtriplett an der t-RNS zu sein (Anticodon-Region), welches zu einem korrespondierenden Triplett mit komplementären Basen (Codon) entlang der Polynucleotidkette der Boten-RNS Wasserstoffbindungen ausbildet (Abb. 21). Für die Überführung der Aminoacyl-t-RNS auf die Polysomen sind einige zusätzliche Faktoren nötig, nämlich GTP und ATP sowie zwei Enzyme, Aminoacyltransferase I und II. Die beiden letztgenannten Enzyme wurden bei der Darstellung der Aminoacyl-RNS-Synthetasen im Überstand nach der Zentrifugierung gefunden. Auch Glutathion scheint eine Rolle bei diesem Übertragungsvorgang zu spielen.

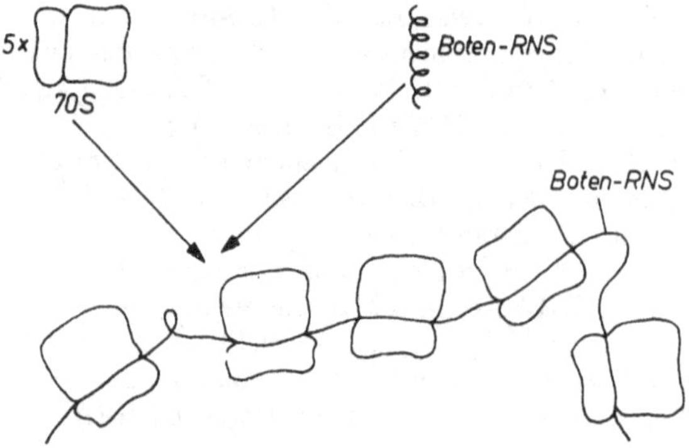

Abb. 19 Bildung von Polysomen

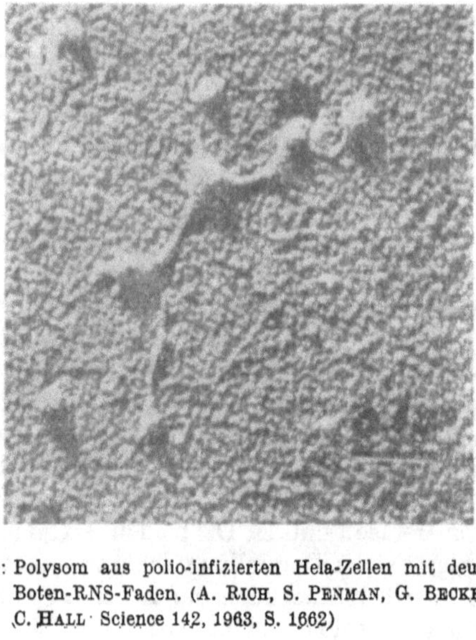

Abb. 20: Polysom aus polio-infizierten Hela-Zellen mit deutlich sichtbarem Boten-RNS-Faden. (A. RICH, S. PENMAN, G. BECKER, J. DARIVELL, C. HALL · Science 142, 1963, S. 1662)

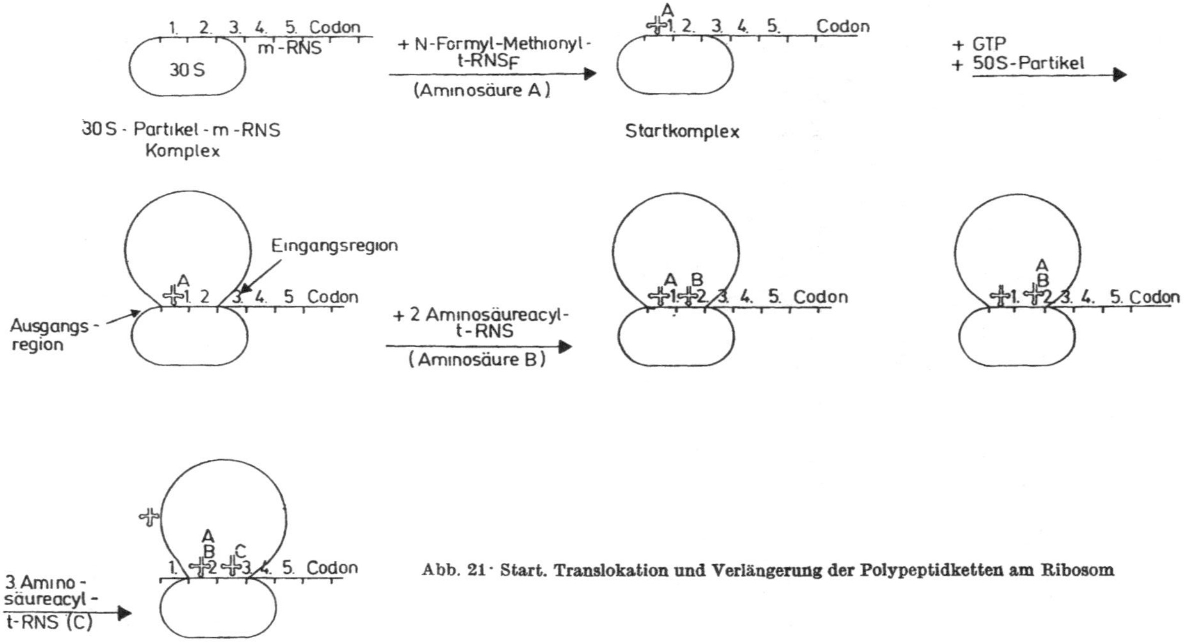

Abb. 21 · Start. Translokation und Verlängerung der Polypeptidketten am Ribosom

Man teilt den Proteinsyntheseprozeß am Ribosom in drei aufeinanderfolgende Abschnitte ein: 1. Synthese-Anfang (Initiierung), 2. Verlängerung und Translokation, 3. Synthese-Ende (Terminierung). Unter Initiierung der Proteinsynthese versteht man die Knüpfung der ersten Peptidbindung im sog. Initiierungs-(Start-)Komplex. Dieser nimmt bei den Prokaryonten seinen Ausgang bei den freien 30 S-Untereinheiten der Ribosomen. Unter Mitwirkung eines ribosomalen Bindungsfaktors F 3 wird die 30 S-Untereinheit an eine spezifische Startstelle der m-RNS geheftet. Eine weitere Funktion von F 3 (oder eines ihn begleitenden Faktors) scheint darin zu bestehen, daß er die Bildung von Initiierungskomplexen durch Spaltung von 70 S-Ribosomen fördert. Zwei weitere Faktoren F 1 und F 2 sind an der Vervollständigung des Startkomplexes beteiligt. Diese erfolgt, indem durch Vermittlung von F 1 und F 2 N-Formyl-Methionyl-t-RNS an den 30 S-Ribosom-m-RNS-Komplex gebunden wird. N-Formyl-Methionin ist die Startaminosäure für die *E. coli*- und möglicherweise auch für andere Proteinsynthese-Systeme, durch die das Wachstum der Polypeptidkette eingeleitet wird.

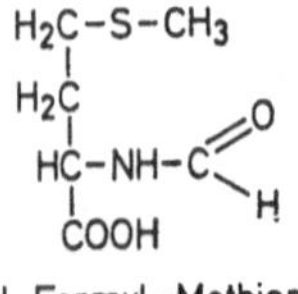

N-Formyl-Methionin

Diese Aminosäure wird als Ketteninitiator bezeichnet. Die Bildung der N-Formyl-Methionyl-t-RNS geht wie folgt vor sich: Für Methionin existieren zwei t-RNS-Species, die t-RNS_F und die t-RNS_M. Jede von ihnen besitzt ihre spezifische Aminoacyl-RNS-Synthetase (Synthetase F, Synthetase M). Der M-Typ ist für solches Methionin bestimmt, welches im Innern der Polypeptidkette vorkommt, der F-Typ für das Methionin des Startkomplexes.

Erst nach der Bindung von Methionyl-t-RNS erfolgt die Formylierung des Methionins durch eine ribosomengebundene 10-Formyltetrahydrofolsäure-Transformylase (Einzelheiten derartiger Reaktionen s. S. 181ff, Teil III). Auf einem späteren Stadium der Proteinsynthese wird die Formylgruppe enzymatisch abgespalten. Die Position der Startaminosäure N-Formyl-Methionin wird durch die Start- oder Initial-Codons AUG und GUG, die sich auf der m-RNS an deren 5'-Ende befinden, determiniert. Diese codieren nur N-Formyl-Methionin im Initiierungskomplex. Wenn sie sich innerhalb der m-RNS befinden, codieren sie Methionin (AUG), resp. Valin (GUG) (s. S. 111, Teil IV). Nach dem Gesagten ist der Startkomplex aus folgenden Komponenten aufgebaut: a) 30 S-Ribosom, b) m-RNS, c) N-Formyl-Methionyl-t-RNS_F. Erwähnt sei noch, daß für seine Bildung noch GTP und Mg^{++} nötig sind. Bemerkenswert ist, daß der Initiierungskomplex die große 50 S-Einheit des Ribosoms nicht enthält.

Neuere Arbeiten mit den 80 S-Ribosomen der Eukaryonten zeigen, daß auch bei diesen der Start der Peptidsynthese mit Methionin zu erfolgen scheint. Die Proteinsynthese in Mitochondrien scheint mit formyliertem Methionin eingeleitet zu werden.

Der Aufbau des kompletten Proteinsyntheseapparates erfolgt erst nach der Verschiebung der N-Formyl-Methionyl-t-RNS von der Eingangsregion des 30 S-Ribosom zur Ausgangsregion (s. Abb. 21). Dadurch wird die Bindung der 50 S-Untereinheit zur Vervollständigung des Ribosoms ermöglicht. Das zweite Codon rückt mit dieser Verschiebung automatisch in die Eingangsregion. Nach einer weiteren Verschiebung rückt das dritte Codon in die Eingangsregion, während das erste „herausrückt" und dabei ihr t-RNS-Molekül abgespalten wird. Diese Verschiebung bedarf der Zufuhr von Energie. Diese stammt aus dem GTP, welches dabei enzymatisch zum GDP und anorganischem Phosphat hydrolysiert wird. Letzteres Enzym, das in seiner Wirkung eine GTPase ist, wird auch als Faktor G oder Translocase bezeichnet. Für die Überführung der Aminoacyl-t-RNS-Verbindungen aus dem Cytosol auf die Ribosomen sind Aminoacyltransferase I und II als zusätzliche Faktoren nötig.

Die Kettenverlängerung, die unter Verwertung der carboxylaktivierten Aminosäure verläuft, weist gewisse Ähnlichkeiten mit der Kettenverlängerung bei der Fettsäuresynthese auf. Letztere erfolgt, indem die R-CO-S-CoA-Gruppe mit dem Carboxymethylende des Malonyl-CoA reagiert (s. S. 82, Teil III).

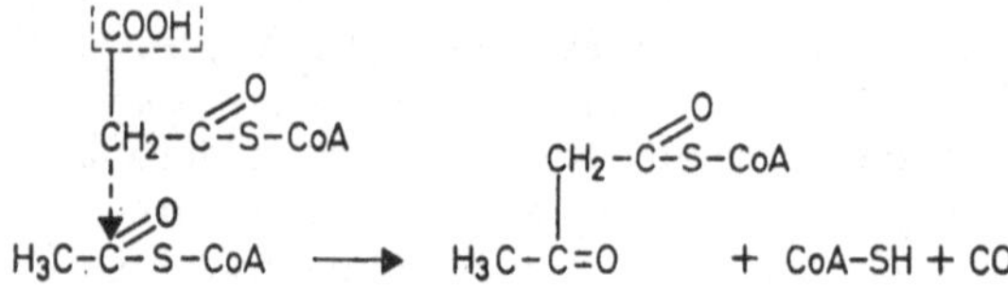

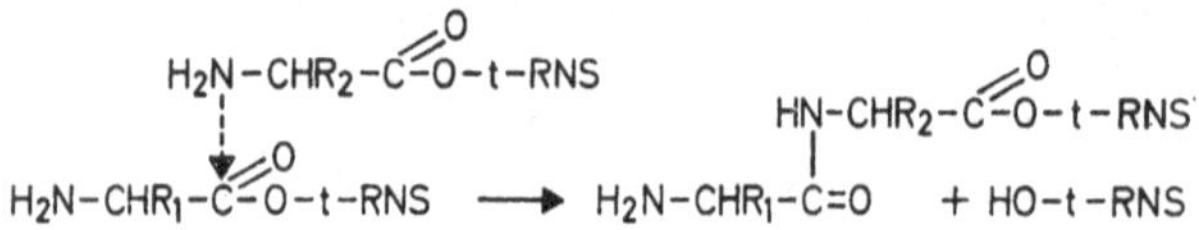

Es wird dadurch verständlich, daß das jeweilige *Zentrum* der Kettenverlängerung die *aktivierte Carboxylgruppe* ist. Die Polymerisation geht also durch eine nucleophile Reaktion zwischen der aktiven Carboxylgruppe am Kettenende und der NH_2-Gruppe der neu hinzutretenden Aminoacyl-t-RNS-Verbindung vor sich.

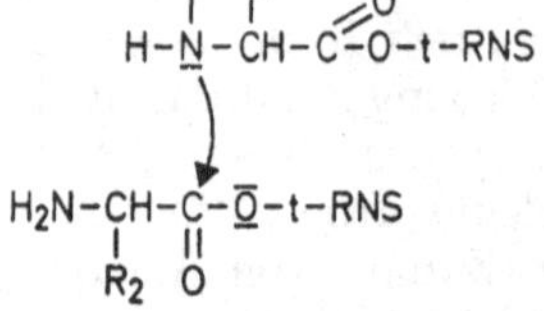

Im Verlauf der Verlängerung der Polypeptidkette bewegt sich allem Anschein nach die Boten-RNS-Kette über das Polysom hinweg. Die Einzelribosomen wechseln also ständig ihre Position im Polysom: von dem einen Ende wird infolge der Bewegung der Matrize ein Ribosom, welches eine fertige Polypeptidkette trägt, abgegeben, am anderen Ende wird ein Ribosom aufgenommen. Dieses trägt noch kein Polypeptid (Abb. 22). Wie das Schema zeigt, tritt die Peptidkettenverlängerung im Verlauf der Bewegung der Boten-RNS über das Polysom ein.

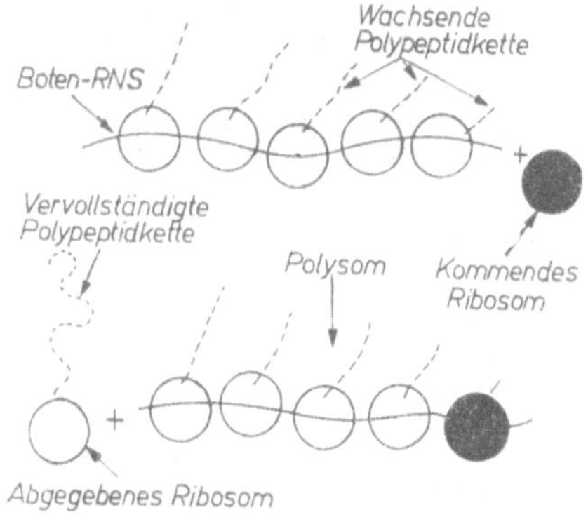

Abb. 22: Polysomen-Funktion (nach Goodman und Rich)

Es wurde berechnet, daß ein Polysom, welches aus fünf Einzelribosomen mit der zugehörigen Boten-RNS besteht, lang genug ist, eine Polypeptidkette von der Länge einer α- oder β-Kette des Hämoglobins (141 bzw. 146 Aminosäuren) zu synthetisieren. Man könnte annehmen, daß das Boten-RNS-Molekül praktisch unbegrenzt funktionstüchtig bleibt. Tatsächlich können aber die Boten-RNS z.B. aus Bakterien nur 10—20 Polypeptidketten synthetisieren. Ursache ist die verhältnismäßig rasche Inaktivierung dieser RNS durch RNS-spaltende Enzyme (Polynucleotidphosphorylase, Diesterase). Diese greifen jedoch vorwiegend freie Boten-RNS, weniger ribosomal gebundene an.

Die Boten-RNS aus Kaninchen-Reticulocyten ist sehr stabil. Dies erklärt die schon einige Zeit bekannte Tatsache, daß diese Zellen über besonders aktive Ribosomen mit relativ lange anhaltender Fähigkeit zur Proteinsynthese verfügen.

Bei *E. coli* sind drei Eiweiße an der Beendigung des Kettenwachstums beteiligt: zwei Ablösungsfaktoren R_1 und R_2 und ein Stimulierungsfaktor S. Die Terminierungsreaktion selbst besteht aus zwei Teilprozessen: a) die Erkennung des terminalen Codons in der m-RNS und b) die Abspaltung des letzten t-RNS-Moleküls von der soeben aufgebauten Polypeptidkette, wonach diese vom Ribosom-Komplex abgegeben wird.

Es existieren drei mögliche Codons, die das Kettenende signalisieren, UAA, UAG und UGA. Da der Start am 5'-Ende der m-RNS beginnt, liegen diese am oder in der Nähe des 3'-Endes dieser RNS. Diese drei Codons bewirken in jedem Falle einen Kettenabbruch. Dies läßt sich beobachten, wenn z.B. infolge einer nonsense-Mutation ein derartiges Codon in der Mitte der m-RNS-Kette auftritt. Die beiden Ablösungsenzyme (Molekulargewicht etwa 40000) sind auf die Stop-Codons spezifisch eingestellt (R_1 auf UAA und UAG, R_2 auf UAA und UAG). Die Ablösungsenzyme wirken gemeinsam mit dem Faktor S.

Als weitere Möglichkeit der Kettenbeendigung wurde die Dissoziation des Ribosomenkomplexes in 50 S- und 30 S-Untereinheiten beobachtet. Der hierfür nötige Faktor (Dissoziationsfaktor) verbleibt an der 30 S-Untereinheit und ist möglicherweise mit dem Startfaktor F 3 identisch (s. o.).

Die am *E. coli*-System gewonnenen Erkenntnisse lassen sich nicht ohne weiteres auf die Verhältnisse bei Eukaryonten übertragen. Manche Prozesse verlaufen ähnlich, bei anderen gibt es, wie an einigen Beispielen erläutert, charakteristische Unterschiede. Im großen und ganzen ist aus vielfältigen Gründen die Proteinsynthese bei Mikroorganismen, insbesondere bei *E. coli*, gegenwärtig besser erforscht als bei höheren Organismen.

In Säugetiergeweben wurde die *Eiweißfreisetzung* bei Untersuchungen über die Synthese von Enzymen im Pankreas, die Albuminsynthese in der Leber und die Hämoglobinsynthese in Reticulocyten näher studiert.

Für die Enzymsynthese im Pankreas wird ein *Fließbandmechanismus* diskutiert, der darin besteht, daß die fertiggestellten Eiweiße die Ribosomen verlassen und zunächst auf die ergastoplasmatischen Membranen übergehen. Danach findet man die neusynthetisierten Proteine in den sog. *Zymogengranula* (s. S. 47, Teil IV), die sich wahrscheinlich aus den ergastoplasmatischen Kanälen bilden. Die Zymogengranula enthalten die Verdauungsenzyme bzw. deren Vorstufen. Sie werden aus den merokrinen Drüsenzellen des Pankreas nach außen entleert.

3. Biochemische Genetik

Aus der klassischen Genetik stammen die beiden Begriffe *Genotyp* und *Phänotyp*. Ersterer beinhaltet die Gesamtheit der in einem Organismus vorhandenen Erbanlagen, während man unter Phänotyp das äußere Erscheinungsbild eines Organismus versteht. In der klassischen Genetik waren die Erbanlagen (Gene) hypothetische Gebilde, die zur Erklärung der Gesetzmäßigkeiten der Vererbung postuliert wurden.

Der Phänotyp resultiert aus der Funktion der Erbanlagen und der Wirkung der Umwelteinflüsse. Die klassische Genetik konnte weder eine Antwort auf die Frage nach der chemischen Natur des Genmaterials und der Art und Weise der Realisierung der in ihm enthaltenen Informationen geben, noch war sie in der Lage, die Beziehungen zwischen Genom, äußerem Erscheinungsbild und Umweltwirkung zu verstehen. In einer glücklichen Vereinigung von Genetik, Biochemie und anderen Naturwissenschaften ist es in neuerer Zeit möglich geworden, diese Problematik experimentell zu bearbeiten und in relativ kurzer Zeit wesentliche Ergebnisse zu erzielen.

3.1. Chemische Natur der Erbanlagen

Nach der klassischen Genetik sind die Erbanlagen im wesentlichen durch folgende Eigenschaften charakterisiert: a) Sie sind vorwiegend in den Chromosomen lokalisiert (Systeme der sog. plasmatischen Vererbung s. S. 129, Teil IV), b) sie besitzen die Fähigkeit zur Merkmalsauslösung, c) ihnen wohnt die Fähigkeit zur identischen Replikation inne, d) sie besitzen die Fähigkeit zur Mutation und e) sie weisen eine hohe Konstanz im Vergleich zu anderen Körperbestandteilen auf.

Von grundlegender Bedeutung ist die Frage, ob es in der Natur eine Substanz gibt, die diesen Kriterien genügt und die folglich als „Vererbungssubstanz" anzusehen ist. Man erkannte schon relativ frühzeitig, daß die im Zellkern vorkommende DNS eine Rolle im Vererbungsgeschehen spielen müsse. Mit der Zeit sammelte sich ein außerordentlich reichhaltiges Tatsachenmaterial an, welches dazu führte, der DNS die Funktion der Vererbungssubstanz zuzuschreiben. In den folgenden Abschnitten sollen die wichtigsten Befunde hierzu nacheinander besprochen werden.

3.1.1. Lokalisation in den Chromosomen

Das Vorkommen der DNS im Zellkern wurde von MIESCHER und KOSSEL, später von CASPERSSON, BRACHET u. a. nachgewiesen. Dort kommt sie in enger Gesellschaft mit Eiweiß in den Chromosomen vor. Die Chromosomen enthalten zwei oder mehr helixartig gewundene Chromonemata (Durchmesser 200 Å), die in die Chromosomenmatrix eingebettet sind (vgl. S. 21ff, Teil IV). Auf den Chromonemata befinden sich kleine dichte Partikel, die

Chromomeren. Letztere enthalten DNS und außerdem Eiweiße vom Histon- bzw. Protamintyp. Weiterhin findet man in Chromosomen besonders nucleinsäurereiche Bezirke, das Heterochromatin. Letzteres wurde cytologisch nachgewiesen, ohne daß bisher Endgültiges über dessen Zusammensetzung und Funktion gesagt werden kann.

Die absolute Menge DNS pro Chromosom ist von Zelle zu Zelle innerhalb der gleichen Art auffallend konstant. Bei den Amphibien sind Variationen innerhalb der Arten relativ groß, bei Säugetieren sind sie sehr klein.

Tabelle 6:

DNS-Gehalt von Zellkernen verschiedener Spezies (Angaben in 10^{-12} g pro Kern)

Art	Erythrocyten*	Leberzelle	Spermatozoen
Haushuhn	2,34	2,39	1,26
Karpfen	3,49	3,33	1,64
Forelle	5,79		2,67
Kröte	7,33		3,70

* Diese Tiere haben kernhaltige Erythrocyten.

Während der Reifeteilung kommt es bei der Bildung der Gameten zur Halbierung des Chromosomensatzes. Aus dem diploiden Chromosomensatz entstehen zwei haploide Sätze. Analysen ergaben, daß die Gameten nur die Hälfte des DNS-Gehaltes von diploiden somatischen Zellen aufweisen (Tab. 6). Nur in manchen Eizellen kommt DNS auch im Cytoplasma vor; diese cytoplasmatische DNS kann ein Mehrfaches des haploiden Satzes der Kerne sein. Möglicherweise gibt es in solchen Zellen eine große Menge plasmatischer, säurelöslicher Desoxyribonucleotide, die als Baumaterial für die rasch erfolgende DNS-Synthese während der Frühstadien der Embryonalentwicklung dienen.

3.1.2. *Fähigkeit zur Merkmalsauslösung*

Die DNS besitzt die Fähigkeit zur *Merkmalsauslösung*. Diese Eigenschaften werden durch die Erscheinungen der Bakterientransformation und Transduktion, sowie durch die Infektiosität synthetischer DNS deutlich.

3.1.2.1. *Bakterientransformation*

Die Bakterientransformation wurde an Pneumokokken und anderen Bakterien beobachtet. Man versteht darunter einen Vorgang, bei dem bestimmte Bakterienstämme gewisse Eigenschaften anderer annehmen. So lassen sich kapsellose Pneumokokken in kapselhaltige umwandeln, wobei diese neue Eigenschaft auch genetisch fixiert wird. Die Kapsel dieser Stämme besteht aus gemischten Polysacchariden. Das transformierende Agens ist DNS. Isoliert man DNS aus kapseltragenden Bakterien (Spenderzellen) in reinster Form und gibt diese zu einem Medium, in dem sich kapsellose Formen (Empfängerzellen) befinden, so nimmt ein Teil von diesen die Eigenschaft „kapselhaltig“ an. Die DNS der Spenderzellen wurde also von den Empfängerzellen aufgenommen. Sie enthält die entsprechende Information, die die Kapselbildung in den Empfängerzellen auslöst. Offensichtlich wird die DNS in den genetischen Apparat der Empfängerzellen eingebaut, wodurch ihre genetische Fixierung erfolgt. Aus weitergezüchteten transformierten Bakterien läßt sich nach mehreren Generationen die Transformations-DNS der Spenderzellen isolieren.

3.1.2.2. *Transduktion*

Die Transduktion wurde bei Bakterienarten (z. B. Salmonella) beobachtet. Wie die Transformation stellt auch die Transduktion eine Veränderung des bakteriellen Genoms dar, die jedoch nicht durch zugesetzte reine DNS, sondern durch bakterielle Viren (Bakteriophagen) vermittelt wird. Bevor die Erscheinung der Transduktion im einzelnen besprochen wird, soll einiges über Bakteriophagen und ihre Vermehrung gesagt werden.

Bakteriophagen sind Viren, die nur Bakterien befallen und sich in diesen sehr rasch vermehren. Die Bakteriophagen bestehen aus zwei Anteilen, Eiweiß und Nuclein-

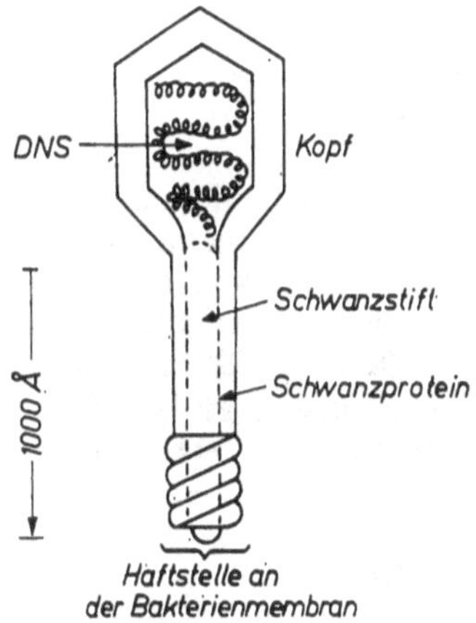

Abb. 23: Schema des Bakteriophagen T_2 von *Escherichia coli* (nach KOZLOFF)

säure. Man kennt DNS- (z. B. T-Phagen von *E. coli*) und RNS-haltige Phagen (z. B. den Bakteriophagen f_2). Sowohl die DNS als auch die RNS der Bakteriophagen kann doppel- oder einzelsträngig sein.

Am gründlichsten sind die T_2- und T_4-Phagen von *E. coli* untersucht. Sie enthalten eine DNS-Doppelhelix, die aus etwa 160000 Nucleotidpaaren besteht und die bemerkenswerte Länge von etwa 50 μ hat (Tafel 8/2, Abb. 23). Das Molekulargewicht des T_2-Phagen beträgt 130 Millionen. Die DNS ist in dem aus Eiweiß bestehenden Kopf des Bakteriophagen spiralig und sehr wahrscheinlich unter einer federartigen Spannung stehend untergebracht. Das Virus besitzt außerdem ein Schwanzstück, das distal 4—6 Fasern trägt. Diese dienen zum Anheften des Virus an die Zellwand der Bakterienzelle, die lokal enzymatisch aufgelöst wird. Die DNS wird in die Bakterienzelle injiziert, während die Eiweißhülle des Virus außerhalb bleibt. Innerhalb des Bakteriums dient die Virus-DNS als Matrize für die Synthese einer ihr entsprechenden RNS, die die Funktion einer Boten-RNS erfüllt (Transcription). Die Boten-RNS legt sich auf die Oberfläche der bakteriellen Ribosomen und fungiert hier als Matrize für die Synthese von Bakteriophageneiweiß (s. S. 78ff).

Die Virus-DNS wird durch ein innerhalb kurzer Zeit auftretendes Enzym abgebaut. Alsbald treten weitere Enzyme auf, die für die Synthese von Bakteriophagen-DNS verantwortlich sind: Enzyme für die Bildung von Desoxynucleosidtriphosphaten, DNS-Polymerase, Enzyme für die Glucosylierung usw. (vgl. S. 226, Teil III). Neun Minuten nach der Infektion setzt die Synthese von Hüllenproteinen ein, und nach etwa 20 Minuten platzt die infizierte Zelle und setzt etwa 100—200 neugebildete Bakteriophagen frei.

Die DNS der Bakteriophagen reicht allein aus, innerhalb der Wirtszelle alle Reaktionen einzuleiten, die zur Synthese kompletter Bakteriophagen führen.

Bei den RNS-haltigen Bakteriophagen kommt es ebenfalls zu einem Eintritt der RNS in die Wirtszelle. (Wie im Kap. Proteinsynthese besprochen, genügt auch bei den RNS-haltigen pflanzlichen Viren die Nucleinsäure allein, um volle Infektiosität, d. h. die Synthese des vollständigen Virus, zu erreichen.) Die Virus-RNS ist in diesen Fällen sowohl Träger der genetischen Information als auch gleichzeitig Matrize (Boten-RNS) für die Eiweißsynthese. Eines der ersten Enzyme, das nach der Infektion auftritt, ist die RNS-Polymerase, die die Synthese von phagenspezifischer RNS durchführt.

Neben den eben besprochenen virulenten Bakteriophagen gibt es die sog. *temperierten Phagen.* Diese vermehren sich nicht in der eben beschriebenen Weise und mit der hohen Geschwindigkeit der virulenten Phagen. Ihre DNS wird in das Genom des Wirtes eingebaut und verändert dadurch den Stoffwechsel des Bakteriums. Die Tochterzellen eines solchen Bakteriums erhalten je einen Virus-Genapparat (*Prophage*), der sich also wie ein Teil des bakteriellen Genoms verhält. Der Prophage kann unter bestimmten Bedingungen virulent werden, sich innerhalb des Bakteriums vermehren; die neu entstandenen Viruspartikel können unter Zerstörung der Wirtszelle freigesetzt werden. Man spricht dann von *lysogenen* Zellen. Neben der Erscheinung der Lysogenie gibt es auch sogenannte defekte Bakteriophagen, die sich innerhalb der Zelle erst dann vermehren können, wenn die Wirtszelle von einem Helfervirus superinfiziert wird.

Die *Transduktion* von genetischem Material hängt eng mit der Erscheinung der Lysogenie zusammen. Es wurde beobachtet, daß unter bestimmten Umständen in Mischkulturen verschiedener Mangelmutanten von Bakterien wieder Wildtypzellen entstehen können. Dies wurde z. B. bei Mischkulturen von Histidin- und Tryptophan-Mangelmutanten von Salmonellen nachgewiesen. Die entstandenen Wildtypzellen waren in der Lage, sowohl Histidin als auch Tryptophan zu synthetisieren. Es mußte also eine Übertragung von genetischem Material zwischen beiden Mutanten eingetreten sein. Die Erklärung dafür ist, daß temperierte Bakteriophagen, deren DNS in das Genom des Bakteriums eingebaut wurde, bei einsetzender Vermehrung Teile dieses Genoms übernahmen und nach ihrer Freisetzung und nach Befall einer neuen Zelle wiederum Teile ihres genetischen Apparates mit dem des Bakteriums austauschten. Es kann demnach zu einer phagenvermittelten Übertragung von genetischem Material zwischen diesen beiden Mutanten, wobei Wildzellen entstehen (Abb. 24). Da nur jeweils die Bakteriophagen-DNS in die Wirtszelle eindringt, muß die DNS Träger der Informationen für „Histidin-“ und „Tryptophan-Synthese“ sein. Dies ist ein weiteres Beispiel für die Fähigkeit der DNS, bestimmte Merkmale auszulösen.

Wie auf S. 226 des Teiles III im Zusammenhang mit der Besprechung der Eigenschaften der DNS-Polymerase ausgeführt wurde, liefert dieses Enzym in Zusammen-

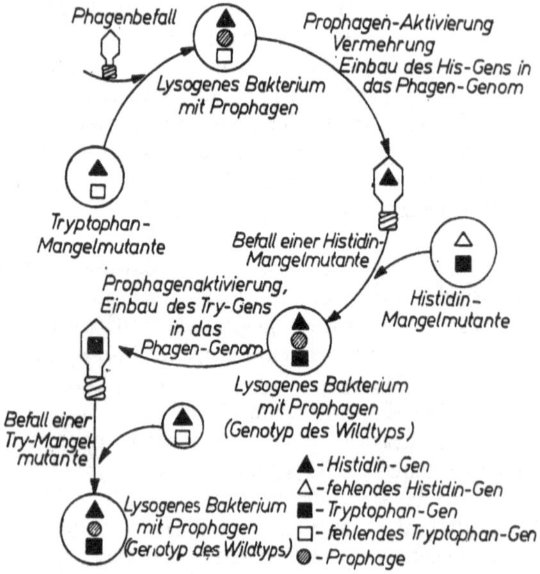

Abb. 24: Transduktion durch Bakteriophagen

wirkung mit einer ringknüpfenden Ligase eine genaue fehlerfreie Kopie der einzelsträngigen kovalent cyclischen DNS des bakteriellen Virus ΦX 174. Das *in vitro* enzymatisch gebildete DNS-Molekül ist voll infektiös und in seinen Eigenschaften von der *in vivo* gebildeten Virus-DNS nicht zu unterscheiden. Hätte die DNS-Polymerase in der Kette von 5500 Nucleotiden nur einen einzigen „Fehler“ gemacht, hätte dieser genügt, die Infektiosität der DNS zu zerstören.

Mit diesen Experimenten (KORNBERG, GOULIAN, SINSHEIMER) wurde der Beweis erbracht, daß a) *in vitro* synthetisierte DNS ebenso wie *in vivo* synthetisierte voll infektiös ist und b) daß die DNS-Polymerase tatsächlich eine identische und fehlerfreie DNS-Replikation bewirkt. Diese Darlegungen leiten auf den folgenden Problemkreis, nämlich die identische Replikation des Gen-Materials über.

3.1.3. Identische Replikation

Charakteristisch für die Erbanlagen ist, daß bei Teilung einer Mutterzelle in zwei Tochterzellen (Mitose), deren Genotypen identisch sind. Es muß also eine *identische Replikation* der Erbanlagen der Mutterzelle bei der Teilung stattgefunden haben. Das morphologische Gegenstück dieser Erscheinung ist die lichtmikroskopisch sichtbare Teilung der Chromosomen und die gleiche Verteilung der Tochterchromosomen auf die Tochterzellen. Biochemisch ist diese Erscheinung durch die identische Replikation der DNS charakterisiert. Das Verständnis hierfür liefert das WATSON-CRICK-Modell der DNS-Struktur. Danach ist die DNS im allgemeinen ein Doppelstrang, der aus zwei antiparallel verlaufenden, sich schraubenförmig umeinander windenden Einzelsträngen besteht (s. S. 139ff., Teil I). Die Replikation der DNS könnte auf grundsätzlich drei verschiedene Weisen vor sich gehen: a) Bei intakt bleibendem Elterndoppelstrang wird der Tochterdoppelstrang neu gebildet (konservativ), b) indem sich der Doppelstrang teilweise in die beiden Einzelstränge aufteilt, wird an jedem der Einzelstränge ein neuer Tochterstrang gebildet (semikonservativ) (Abb. 25), c) der Elterndoppelstrang zerfällt vor oder nach der Teilung in die Einzelstränge in mehrere Abschnitte. Die neugebildeten Doppelstränge bestehen dann abwechselnd aus Stücken der Elternstränge und aus neuem Material (dispers).

Es gibt Anhaltspunkte dafür, daß die semikonservative

Art der Replikation *in vivo* und *in vitro* vorherrscht. Von den beiden Tochterdoppelsträngen ist also jeweils der eine neu, der andere alt. Der neue Faden ist stets die Kopie des alten. *In vitro* wurde die identische Replikation der DNS mit Hilfe der DNS-Polymerase aus Bakterien, Säugetieren und virusinfizierten Bakterien nachgewiesen (s. S. **223**, Teil III).

Abb. 25: Semikonservative DNS-Replikation (nach Delbrück und Stent)

Diese Enzyme brauchen entweder einzelsträngige oder doppelsträngige DNS-Moleküle als Starter. Da man aus mechanischen und energetischen Gründen nicht annehmen kann, daß sich die DNS-Doppelhelix innerhalb der notwendigen kurzen Zeit und ohne auseinanderzubrechen „entdrillt", werden lokalisierte Entflechtungsbereiche postuliert, die ohne Störung der Nachbarstrukturen bewegt werden können. Es besteht kaum ein Zweifel daran, daß auch *in vivo* die DNS-Replikation mit Hilfe solcher oder ähnlicher Enzyme erfolgt. Hierfür gibt es verschiedene experimentelle Beweise, von denen einer besprochen werden soll.

Meselson und Stahl ließen *E. coli* in einem Medium, das als einzige Stickstoffquelle $^{15}NH_4^+$ hatte, so lange wachsen, bis praktisch das gesamte ^{14}N durch ^{15}N in den

Basen der DNS ersetzt war. Die Dichte dieser ^{15}N-DNS war etwa 0,8% größer als die der ^{14}N-DNS, wie Messungen mit Hilfe der Ultrazentrifuge ergaben. Diese markierten Bakterien wurden in normales ^{14}N-Medium gebracht, die DNS aus der ersten Generation isoliert und ihr Sedimentationsverhalten bestimmt. Es wurde gefunden, daß die erste Generation eine „gemischte" DNS enthält, deren Dichte zwischen total markierter und nichtmarkierter lag. In der zweiten Generation wurden zwei Arten von DNS-Molekülen gefunden, die „gemischte" wie in der ersten Generation und eine Art, die nur ^{14}N-Ketten enthielt. Wurde die „gemischte" DNS erhitzt, so kam es zu einem Aufbrechen der Wasserstoffbindungen („Schmelzen") und damit zu einer Aufteilung der Doppelstränge in jeweils zwei Einzelstränge. In der Ultrazentrifuge trat dann eine leichtere (^{14}N) und eine schwerere (^{15}N) Art von DNS-Molekülen auf. Der gemischte Doppelfaden der ersten Generation bestand demnach aus einem ^{15}N- (alt) und einem ^{14}N-haltigen Faden (neu). Das gleiche konnte bei der zweiten Generation nachgewiesen werden (Abb. 26).

Diese Experimente beweisen die identische Replikation der DNS *in vivo*. Sie sind Beweise für die Gültigkeit der MENDELschen Gesetze auf molekularer Ebene. An dieser Stelle sei ein äußerst bedeutsamer Fortschritt besprochen, der von KHORANA erzielt wurde. Es gelang ihm, auf chemischem Wege das Gen zu synthetisieren, von dem die Synthese einer Transfer-RNS ihren Ausgang nimmt. Da die Nucleotidsequenz einer Reihe t-RNS Species bekannt ist, ergibt sich aus ihr nach dem Prinzip der Paarung komplementärer Basen auch ohne weiteres die Sequenz der DNS-Kette, die die entsprechende t-RNS codiert.

Mit 77 Nucleotiden, die die t-RNS$^{\mathrm{Ala}}_{\mathrm{Hefe}}$ aufbauen, ist die rein chemische Synthese der genau so großen DNS-Matrize außerst schwierig. KHORANA kombinierte zur Erreichung des Zieles chemische und biochemische Methoden. Er synthetisierte zunächst chemisch ein Teilstück der DNS, welches aus fünf Nucleotiden bestand (s. Schema S. 103). Dieses kombinierte er mit einem komplementären DNS-Strang, der einige Nucleotide länger ist als der vorhergehende. Der dabei entstehende Doppelstrang

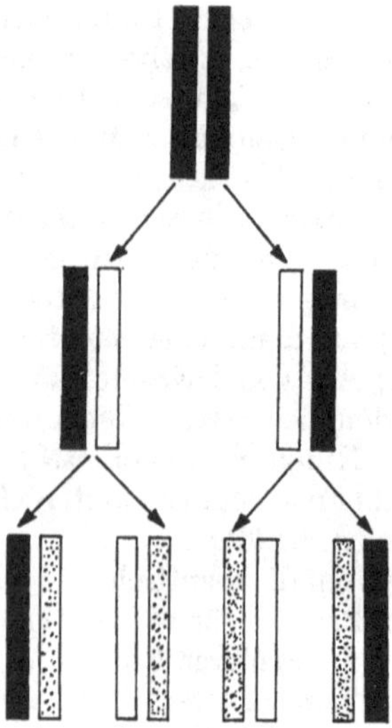

Abb. 26: Das Experiment von MESELSON und STAHL

hat ein überstehendes, einsträngiges Ende. Dieses vermag seinerseits einen komplementären Einzelstrang zu binden, der nun wieder so bemessen ist, daß er ebenfalls einsträngig übersteht, usw. Die Synthese-Strategie erinnert an die Großplattenbauweise mit vorgefertigten Komplexteilen. Das Gerüst, in das diese Teile eingepaßt werden, wird durch die Wasserstoffbrückenbildung zwischen komplementären Basen gegeben. Eine Polynucleotid-Ligase bewirkt die kovalente Verbindung zwischen den einzelnen Kettenbruchstücken. Das folgende Schema erläutert den Syntheseweg:

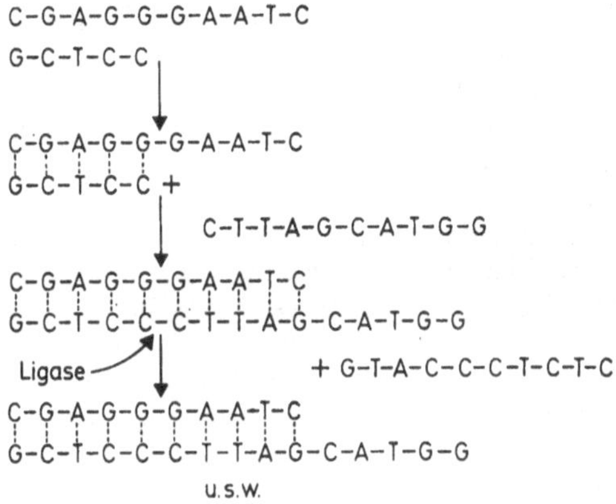

3.1.4. *Mutationsauslösung*

Die Erbanlagen sind durch eine hohe Stabilität ausgezeichnet. Diese ist jedoch nicht absolut. Es treten ständig Änderungen des Erbgefüges ein, die mehr oder weniger groß sind und die man als *Mutationen* bezeichnet. Die experimentelle Mutationsforschung hat wesentlich zur Klärung vieler genetischer und biochemischer Erscheinungen beigetragen. Mutationen können mit physikalischen und chemischen Mitteln ausgelöst werden. Die mutationsauslösenden Wirkungen der Röntgen- und Ultraviolett-Strahlung sind lange bekannt. Röntgenstrahlen zerstören Nucleinsäuren direkt und indirekt. Ihre direkte Wirkung besteht in einer Aufspaltung der die Nucleinsäuren aufbauenden Hauptvalenzbindungen infolge ihrer hohen Strahlungsenergie. Indirekt wirken sie dadurch, daß sie Peroxyde oder Radikale aus Wasser oder aus organischen Verbindungen bilden, die dann auf die Nucleinsäuren innerhalb der Zellen wirken. So vermag z. B. Wasserstoffperoxyd Thymin, Uracil, Cytosin u. a.

Basen zu zerstören. Aus Adenin entsteht z. B. Adenin-N-Oxyd, welches die identische Replikation der DNS verhindert, da die Basenpaarung mit Thymin gestört wird. Eine wichtige Wirkung des UV-Lichtes besteht darin, daß es eine Dimerisierung des Thymins innerhalb der DNS bewirkt. Diese tritt möglicherweise während der Replikation der DNS auf, kaum jedoch im Zustand der ausgebildeten Doppelhelix. Es ist augenfällig, daß durch diese Wirkungen des UV-Lichtes der Zellteilungsmechanismus geschädigt wird. Sowohl UV- als auch Röntgenstrahlen entfalten je nach ihrer Intensität abgestufte Wirkungen, die von relativ geringen (möglicherweise führen diese zu Mutationen) bis zu starken Veränderungen reichen. Im letzteren Fall kann es zu Denaturierung und Degradation der Nucleinsäuren kommen, wodurch letale Wirkungen dieser Strahlung eintreten.

Als mutationsauslösendes chemisches Agens hat sich besonders salpetrige Säure in der experimentellen Genetik eingebürgert. Es werden jedoch auch N-Bromsuccinimid, Dimethylsulfat und Proflavin als mutationsinduzierende Substanzen benutzt.

Die mutationsauslösende Wirkung der salpetrigen Säure beruht darauf, daß sie eine Desaminierung verschiedener Basen bewirkt. Cytosin wird dabei in Uracil, Adenin in Hypoxanthin und Guanin in Xanthin umgewandelt. Systematisch wurden diese Effekte bei genetischen Studien an der Tabakmosaikvirus-RNS untersucht. Als Indikatoren dieser Mutationen dienten Proteinanalysen von normalen und mutierten Viren. Diese Arbeiten spielten bei der Aufklärung des sogenannten genetischen Codes eine bedeutende Rolle (s. S. 108, Teil IV).

Wenn sich solche RNS repliziert, die statt Adenin Hypoxanthin an verschiedenen Stellen trägt, paart sich Hypoxanthin mit Cytosin. Im nächsten Replikationscyclus paart sich das Cytosin mit dem Guanin. Wenn Cytosin zum Uracil desaminiert wird, paart sich dieses mit Adenin statt mit Guanin. Falls diese Nucleinsäure als Boten-RNS wirkt (dies ist bei den RNS-Viren der Fall), ändert sich der genetische Code in solchen Tripletts. An diese Stelle paßt nicht mehr die adäquate t-RNS mit ihrer spezifischen Matrizen-Erkennungsregion (drei ungepaarte Basen), sondern möglicherweise eine andere, die eine fremde Aminosäure an diese Stelle des Eiweißmoleküls dirigiert.

Die Abb. 27 zeigt die möglichen Änderungen, die durch salpetrige Säure an den Tripletts eintreten können, die aus Cytosin und Uracil bestehen. Diese Veränderungen sind in Form eines Octetts dargestellt (WITTMANN).

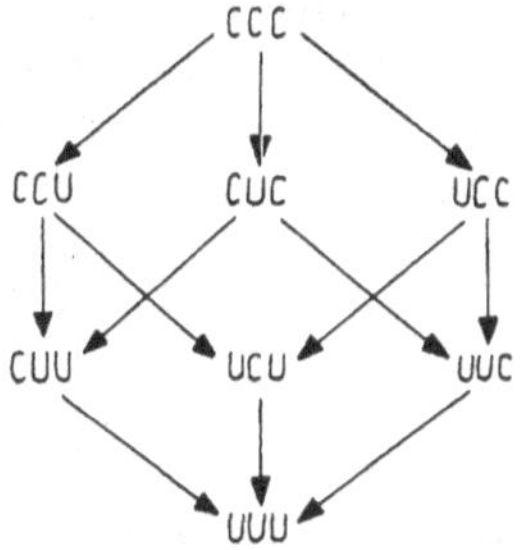

Abb. 27: Nucleotidoctett zur Demonstration von nitritinduzierten Mutationen (G. WITTMANN)

3.1.5. *Umsatzgeschwindigkeit der DNS*

Im Verhältnis zu anderen Bestandteilen des Organismus weist die DNS eine beträchtliche metabolische *Stabilität* auf. Dennoch ist sie dem Zellstoffwechsel nicht entzogen, sondern steht mit diesem in enger Wechselwirkung. Das Phänomen der Konstanz der DNS in den Chromosomen einer Species ist das Ergebnis sehr genau arbeitender Kontrollmechanismen.

Im Mitosecyclus und zu Beginn der Reifeteilungen kommt es zu einer Verdoppelung der DNS gegenüber dem diploiden Zustand. Im ersten Fall erhalten die beiden Tochterzellen je einen diploiden Chromosomensatz, und in der Meiose enthält der Spermatocyt 1. Ordnung die gesamte DNS für die vier Spermatiden, die aus ihm entstehen. Das gleiche gilt auch für den primären Oocyten bei der Oogenese. Im Verlauf der Mitose scheint die DNS-Synthese in manchen Zellen in der Prophase abzulaufen und spätestens in der Metaphase beendet zu sein. In den meisten Zellen erfolgt jedoch höchstwahrscheinlich in der Interphase der größte Teil der DNS-Synthese, bevor die Mitose sichtbar wird (s. S. 20ff, Teil IV).

Mit Hilfe markierter Verbindungen, die als DNS-Bausteine bei der Synthese verwendet werden können (^{32}P, ^{15}N-Adenin, ^{15}N-Glycin), war es möglich, die Umsatzgeschwindigkeit der DNS *in vivo* zu messen. Dabei ergab sich, daß sich die DNS in ruhenden Zellen in einem stabilen Zustand mit einem minimalen Umsatz befindet. Die Einbaurate von markiertem Phosphat, markiertem Adenin und Glycin steigt jedoch proportional mit dem Mitose-Index wachsender Gewebe an.

In regenerierender Leber wurde die biologische Halbwertszeit der DNS zu 50 Tagen und die der RNS zu acht Tagen bestimmt. Bei Verwendung anderer Vorläufer (Formiat, Glycin, Orotsäure usw.) wurden jedoch häufig größere Umsatzgeschwindigkeiten gemessen. Möglicherweise gibt es unterschiedliche DNS-Fraktionen, die verschiedene Umsatzgeschwindigkeiten haben.

Proliferierende Gewebe haben einen höheren DNS-Umsatz als Gewebe mit minimaler Zellteilung. Zur ersten Gruppe gehören Knochenmark, Milz, Thymus, Darmmucosa, die laktierende Milchdrüse, aber auch Tumorgewebe verschiedener Lokalisation und Herkunft. Zur zweiten Gruppe gehören normale Leber, Niere, Gehirn, Muskel u. a.

3.2. Genetischer Code

Es besteht nach dem vorher Gesagten kein Zweifel, daß die DNS die *Vererbungssubstanz* ist. Aus dieser Feststellung ergibt sich das Problem der Wirkungsweise der DNS als genetisches Material. Bei der Suche nach geeigneten Objekten und Verfahren zum Studium der Beziehungen zwischen der DNS und ihren qualitativen und quantitativen Wirkungen im Cytoplasma konzentrierte sich das Interesse auf die Struktur der Eiweiße. Die Erforschung der Aminosäuresequenz von Eiweißen führte zu der wichtigen Erkenntnis, daß die Primärstruktur von Eiweißen genetisch fixiert ist. Trotz der Vielfalt, die man bei den Proteinen findet, besitzt jedes Protein innerhalb einer Species eine konstante Aminosäurezusammensetzung und eine einheitliche Aminosäuresequenz. Es gibt angeborene, also genetisch fixierte Anomalien, bei denen an bestimmten Stellen der Polypeptidketten eine Aminosäure durch eine andere ersetzt wird. Dies ist z. B. bei verschiedenen Hämoglobinmolekülen der Fall (s. S. 120, Teil IV).

Die genetische Festlegung der Aminosäuresequenz eines Eiweißes führte zu der Vorstellung, daß in der DNS die Information für die Primärstruktur der Eiweiße enthalten sein müsse.

Während die DNS im allgemeinen nur vier verschiedene Basen enthält, sind die Eiweiße aus etwa 20 verschiedenen Aminosäuren aufgebaut. Es wird demnach ohne weiteres verständlich, daß die Information für die Primärstruktur eines Proteins in der DNS verschlüsselt, also in Form eines *Codes*, vorliegen muß. Wie sieht dieser genetische Code aus und wie wird die *Vierbuchstabenschrift der DNS* in die *20-Buchstabenschrift der Eiweiße* übersetzt? Der genetische Code wurde in relativ kurzer Zeit praktisch völlig entschlüsselt. Auch gibt es experimentell gesicherte Vorstellungen von den „*Übersetzungsmechanismen*“ der „*DNS-Schrift*“ in die „*Eiweißschrift*“. Zunächst sei festgestellt, daß die genetische Information der DNS linear entlang der Polynucleotidkette verankert ist, und daß auch die Ablesung der Information von dem einen Ende der Kette ausgeht und zum anderen Ende der Kette hin fortschreitet. Eine einfache Überlegung lehrt, daß nicht ein Einzelnucleotid oder zwei benachbarte Nucleotide eine Codierungseinheit darstellen, d. h. für die Verschlüsselung und richtige Position einer bestimmten Aminosäure verantwortlich sein können. In einem solchen Falle würden nur 4 bzw. 16 Aminosäuren codiert, nicht aber 20. Andererseits bestehen Hinweise darauf, daß die Codierungseinheiten eine einheitliche Länge besitzen. Unter diesen Gesichtspunkten wurde die Vorstellung entwickelt, daß eine Codierungseinheit (Codon) aus drei hintereinanderfolgenden Nucleotiden (Triplett) bestehen muß. Demnach gibt es $4^3 = 64$ verschiedene Möglichkeiten von Triplettstrukturen für die Codierung der Aminosäuren.

Beim Vorliegen von Tripletts als Codierungseinheiten stehen also insgesamt 64 Tripletts für die Codierung von 20 Aminosäuren zur Verfügung. Daraus ergibt sich die Frage, ob nur 20 Dreier-Kombinationen einen Sinn haben („nicht-degenerierter" Code) und die anderen 44 „sinnlos" sind, oder ob ein und dieselbe Aminosäure durch mehr als ein Triplett codiert wird. Alles spricht dafür, daß mehrere Tripletts für eine einzige Aminosäure zuständig sind („degenerierter" Code).

Ein weiteres Problem ist, ob jedes Triplett entlang der Polynucleotidkette ein Codon für sich darstellt, oder ob Teile von ihm schon zum nachfolgenden Nucleotidtriplett gehören. Die Frage ist also, ob ein nichtüberlappender oder überlappender Code nach folgender Art vorliegt. Die Information sei in folgender Sequenz verschlüsselt: ABCDEFGHI. Im Falle eines nichtüberlappenden Codes wird wie folgt abgelesen: ABC, DEF, GHI. Bei überlappendem Code würde die Ablesung erfolgen ABC, BCD, CDE usw.

Alle bisher erhobenen Befunde sprechen für die Existenz eines nichtüberlappenden Codes.

3.2.1. Methoden zur Entschlüsselung des genetischen Codes

Die Fragen nach der Größe eines *Codons,* der Nichtüberlappung, seiner linearen Anordnung sowie der Degeneration wurden an Mutanten von T_4-Bakteriophagen untersucht (Crick). Kenntnisse über die Nucleotidzusammensetzung der für die einzelnen Aminosäuren verantwortlichen Tripletts wurden hauptsächlich mit Hilfe von zwei verschiedenen Methoden erhalten:

a) durch Proteinuntersuchungen von chemisch induzierten Mutanten des Tabakmosaikvirus (Wittmann) und

b) an eiweißsynthetisierenden, zellfreien Systemen, denen künstliche Polynucleotide als Boten-RNS zugesetzt wurden (Nirenberg und Matthaei; Ochoa).

Der Entschlüsselung des genetischen Codes nach der Methode a) liegt die Tatsache zugrunde, daß die RNS des Tabakmosaikvirus als Boten-RNS wirksam ist. Veränderungen der Nucleotidsequenz durch mutagen wirkende Substanzen, z. B. salpetrige Säure, treten dann ein, wenn einige Basen in andere umgewandelt werden (s. S. 104, Teil IV). Damit ändert sich der Informationsinhalt an einigen Stellen entlang der Polynucleotidkette, es treten an manchen Stellen neue Triplettkombinationen auf; dadurch kommt es zu einem Austausch einer bestimmten Aminosäure an einer bestimmten Stelle der neugebildeten Polypeptidkette durch eine andere. Auf S. 104 wurde ausgeführt, daß bei Behandlung eines Polynucleotids mit Nitrit Cytosin in Uracil (direkt) und Adenin in Guanin (indirekt) umgewandelt wird. Tripletts, die diese Basen enthalten, erleiden also mit hoher Wahrscheinlichkeit eine Umwandlung. Tripletts, die nur Uracil oder Guanin oder beide enthalten, werden hingegen nicht verändert. Insgesamt wurden über 100 derartige Nitritmutanten untersucht und ihre Veränderung in der Aminosäurezusammensetzung bestimmt. So fand man, daß Phenylalanin niemals gegen eine andere Aminosäure ausgetauscht wird. Daraus konnte der Schluß gezogen werden, daß uracilhaltige Tripletts das Phenylalanin codieren. Hingegen wurde der Austausch von Prolin gegen Serin bzw. Leucin und der von Serin bzw. Leucin gegen Phenylalanin mehrmals beobachtet. Letzteres bedeutet offensichtlich, daß Serin und Prolin durch cytosin- und adeninhaltige Tripletts codiert werden.

Weitere bedeutende Einblicke in den genetischen Code erlaubten die Arbeiten mit proteinsynthetisierenden zellfreien Systemen (Methode b). Im allgemeinen wurden Systeme aus *E. coli* verwendet. Diese bestehen aus gewaschenen Ribosomen, t-RNS und einer enzymhaltigen Überstandsfraktion. Außerdem wurden ATP, GTP und ein ATP-regenerierendes System zusammen mit einer Mischung von Aminosäuren, von denen eine oder mehrere radioaktiv waren, zugesetzt. Wichtig ist ferner die Zugabe von weiterer RNS entweder in „natürlicher" Form oder in synthetischer mit determinierter Struktur, die als Boten-RNS wirkt. Als „natürliche" RNS diente solche aus Tabakmosaikvirus und anderen Quellen, die den Aminosäureeinbau beträchtlich steigerte. Bedeutsam erwies sich der Austausch letztgenannter RNS durch synthetische Ribonucleinsäuren, z. B. Polyuridylsäure, die mit Hilfe der Polynucleotidphosphorylase hergestellt wurde. Polyuridylsäure steigert nur den Einbau von Phenylalanin und liefert als Produkt Polyphenylalanin. Polycytidylsäure steigert den Einbau von Prolin, Polyadenylsäure den Einbau von Lysin. Diese Polynucleotide, die nur eine Base enthalten, werden als „Homopolymere" bezeichnet. Die Verwendung gemischter synthetischer Polynucleotide („Copolymere") mit zwei oder drei Basen vertieften die Kenntnisse über die Verschlüsselung einzelner Aminosäuren. Innerhalb sehr kurzer Zeit war es möglich, 61 der 64 möglichen Codons den 20 verschiedenen Aminosäuren zuzuordnen. Der genetische Code der Aminosäuren ist demnach in hohem Maße degeneriert.

Eine besondere Diskussion verdienen die drei restlichen Codons, die folgendermaßen zusammengesetzt sind: UAA, UAG, UGA. Diese konnten in den zellfreien experimentellen Einbausystemen keinen bestimmten Aminosäuren zugeordnet werden, so daß man sie als Nonsense-Tripletts bezeichnete. In genetischen Experi-

Tabelle 7:

Der Codon-Katalog

UUU	Phe	UCU	Ser	UAU	Tyr	UGU	Cys
UUC	Phe	UCC	Ser	UAC	Tyr	UGC	Cys
UUA	Leu	UCA	Ser	UAA	Ochre	UGA	Opal
UUG	Leu	UCG	Ser	UAG	Amber	UGG	Trp
CUU	Leu	CCU	Pro	CAU	His	CGU	Arg
CUC	Leu	CCC	Pro	CAC	His	CGC	Arg
CUA	Leu	CCA	Pro	CAA	Gln	CGA	Arg
CUG	Leu	CCG	Pro	CAG	Gln	CGG	Arg
AUU	Ileu	ACU	Thr	AAU	Asn	AGU	Ser
AUC	Ileu	ACC	Thr	AAC	Asn	AGC	Ser
AUA	Ileu	ACA	Thr	AAA	Lys	AGA	Arg
AUG	Met	ACG	Thr	AAG	Lys	AGG	Arg
GUU	Val	GCU	Ala	GAU	Asp	GGU	Gly
GUC	Val	GCC	Ala	GAC	Asp	GGC	Gly
GUA	Val	GCA	Ala	GAA	Glu	GGA	Gly
GUG	Val	GCG	Ala	GAG	Glu	GGG	Gly

menten mit Bakteriophagen und *E. coli*-Zellen wurde festgestellt, daß bei Punktmutationen im Genom, die zu Triplettbildungen der oben angegebenen Zusammensetzung in der Messenger-RNS führen, diese Zellen nur kurze, funktionell inaktive Peptidketten bilden können. Nach der Farbe der bakteriellen Mutanten unterscheidet man Amber-(Bernstein), Ochre-(Ocker) und Opal-Mutationen. Eine tiefergehende Analyse ergab, daß bei Amber das Triplett UAG, bei Ochre UAA und bei Opal UGA auftrat. In zellfreien Systemen wurde nachgewiesen, daß diese drei Tripletts Interpunktionsfunktionen haben: Sie stellen die Signale für die Beendigung der Polypeptidsynthese im Proteinsyntheseapparat dar (s. S. 90, Teil IV). Bei einer Amber-Mutation im Cistron für das Kopfprotein des Phagen T 4 werden beispielsweise nur kurze Abschnitte dieses Proteins synthetisiert, deren Längen mit der Position der Amber-Mutation im T 4-Genom korrelieren.

Es besteht wenig Zweifel daran, daß auch in der intakten Zelle die o. g. drei Tripletts die Codons für die Polypeptidkettenterminierung sind.

3.2.2. Das Phänomen der Suppression

Es wurde beobachtet, daß eine durch eine Amber-Mutation bei *E. coli* eingetretene Unfähigkeit, alkalische Phosphatase zu synthetisieren, durch eine zweite Mutation wieder rückgängig gemacht werden kann, ohne daß eine Rückmutation des UAG-Tripletts im Phosphatase-Strukturcistron dabei eintritt. Es findet also eine Unterdrückung (Suppression) dieser Nonsense-Mutation statt. Dieses Ereignis wird durch eine weitere Mutation auf einem anderen Genomteil verursacht. Bei *E. coli* wurden fünf Suppressor-Mutanten (Su-I bis Su-V) isoliert, die sich durch die jeweiligen Aminosäuren unterscheiden, die bei Amber-Mutanten eingebaut werden. Die Suppression der Nonsense-Mutationen führt zu einer Bildung von fertigem Protein, welches sich in der Aminosäuresequenz vom Normalprotein und im Falle eines Enzyms sich auch in seiner Aktivität gegenüber dem Normalenzym unterscheidet.

So werden bei Su-I Serin, bei Su-II Glutamin, bei Su-III Tyrosin, bei Su-IV (Amber- und Ochre-Mutanten) Tyrosin und bei Su-V Lysin in die wachsende Polypeptidkette an den Stellen eingebaut, an denen sich die Nonsense-Mutation befindet.

Welcher biochemische Mechanismus liegt dem Phänomen der Suppression zugrunde? Die Antwort auf diese Frage lautet, daß in der supprimierten Mutante durch das sogenannte Suppressor-Gen ein besonderer, normalerweise nicht vorkommender Typ einer t-RNS gebildet wird, die ein Anticodon für das Nonsense-Triplett (z. B. UAG) besitzt. Dadurch wird anstelle des eintretenden Kettenabbruches an dieser Stelle eine Aminosäure eingebaut. Welche Aminosäure eingebaut wird, richtet sich nach dem Typ der Suppressor-Mutation (s. obige Beispiele

Su I—Su V). In zellfreien Systemen konnte nachgewiesen werden, daß Nonsense-Codons als Aminosäure-Codons abgelesen werden, wenn erstere aus Bakterienstämmen hergestellt werden, die ein Suppressor-Gen enthielten. Die Suppressor-Mutation erfolgt an den normalen Cistrons, die die t-RNS codieren und führt durch Punktmutation wahrscheinlich nur zu einer Änderung des Anticodons.

Wahrscheinlich ist der Vorgang der Suppression von allgemeiner Bedeutung. Sie tritt nicht nur bei Nonsense- sondern auch bei sinnvollen Codons ein. In *E. coli* wurde z. B. eine Suppressor-t-RNS nachgewiesen, die Glykokoll anstelle von Arginin in die Tryptophan-Synthetase einbaut. Diese t-RNS nimmt Glykokoll auf, hat aber nicht das Anticodon für das glycinspezifische Codon GGA, sondern für AGA, welches normalerweise Arginin codiert. Das Ergebnis ist die Synthese einer anomalen Tryptophan-Synthetase in den supprimierten Zellen. Es sind noch weitere Beispiele des Auftretens von Suppressor-t-RNS bekannt geworden.

Aus dem vorangegangenen Kapitel über die Mechanismen der Eiweißsynthese geht hervor, daß es für jede Aminosäure mehrere t-RNS-Species gibt. Möglicherweise ist darin ein Schutzmechanismus zu sehen, der daraus erkennbar wird, daß z. B. bei einer letalen Nonsense-Mutation mehrere t-RNS-Cistrons für ein und dieselben Aminosäuren verfügbar sind und eine lebensrettende Suppressor-Mutation in einem dieser Cistrons eintreten kann, ohne daß der normale Einbau dieser Aminosäure an ihre üblichen Stellen im Proteinmolekül gefährdet wird.

Offen ist gegenwärtig die Frage, ob auch der höhere Organismus von der Suppressor-Mutation Gebrauch macht.

3.2.3. Reihenfolge der Basen in den Codons

Während sich die „klassischen" Arbeiten auf dem Gebiet des genetischen Codes, die mit den Namen der CRICK, GAMOW und DOUNCE verbunden sind, vorwiegend mit theoretischen Problemen und der Entwicklung von Modellen beschäftigten, die sich aus Experimenten mit Bakteriophagen und *E. coli*-Zellen ergaben, waren NIRENBERG und MATTHAEI (1961) die ersten, die RNS-Typen einfacher Zusammensetzung in zellfreien proteinsynthetisierenden bakteriellen Systemen einsetzten und prüften, aus welchen Aminosäuren die synthetisierten Polypeptidketten bestehen. Wie schon erwähnt, wurden neben Homopolymeren vor allem Copolymere als künstliche Messenger-RNS verwendet, die verschiedene Basen in wechselndem Verhältnis enthielten. Unter der Annahme einer statistischen Verteilung der Basen in der copolymeren RNS konnten innerhalb kurzer Zeit die Zusammensetzung der Codons ermittelt werden. Diese Versuche erlaubten allerdings nicht, Aussagen über die Reihenfolge der Basen in den einzelnen Codons zu machen. Der entscheidende Fortschritt kam aus dem Laboratorium von H. G. KHORANA, der auf chemischem Wege Ribopolynucleotide bekannter, sich wiederholender Sequenzen synthetisierte und als artefizielle Messenger-RNS einsetzte, z. B. ABABABAB oder ABCABCABC usw. So lieferte das Polyribonucleotid UCUCUCUC... in einem *in vitro-E. coli*-System ein Polypeptid der Zusammensetzung Ser-Leu-Ser-Leu-Ser... Es ist ohne weiteres verständlich, daß sich in dieser RNS die Codewörter UCU und CUC miteinander abwechseln, so daß UCU dem Serin und CUC dem Leucin zugeordnet werden müssen. Mittels dieser Methodologie war es möglich, nicht nur die Zusammensetzung, sondern auch die Reihenfolge der Basen in den einzelnen Codons festzulegen.

3.2.4. Die Wobble-Hypothese von CRICK

Aus der Code-Tabelle (Tab. 7) geht hervor, daß bei einer großen Zahl von Codons die dritte Base variabel ist, ohne daß sich die Zuordnung des ganzen Codons zu einer bestimmten Aminosäure ändert. Mit anderen Worten, alle vier Basen sind lediglich in den ersten zwei Positionen (vom 5'- zum 3'-Ende gelesen) des Codons klar voneinander unterschieden. Im Hinblick darauf, daß für eine bestimmte Aminosäure mehrere Transfer-RNS zur Verfügung stehen, kann man annehmen, daß nicht alle Codons dieser Aminosäure durch eine einzige Transfer-RNS erkannt wird. Man nimmt an, daß mindestens 61 verschiedene Species von t-RNS existieren, die 61 verschiedene Typen von Anticodons besitzen. (Nebenbei sei erwähnt, daß durchaus mehr als 61 verschiedene t-RNS-Species existieren können. So wie es Isoenzyme mit gleicher Spezifität aber unterschiedlicher Struktur gibt, ist es vorstellbar, daß es mehrere Arten t-RNS mit ein und demselben Anticodontyp geben könnte.) Die ersten beiden Basen des Codons (von 5′ nach 3′ gelesen) und des Anticodons (von 3′ nach 5′ gelesen) paaren sich streng nach dem Prinzip der komplementären Basen (A...U; C...G). Dadurch erkennt das Anticodon auf der t-RNS sein Codon auf der Messenger-RNS. Die dritte Base des Anticodons paart sich jedoch abweichend vom WATSON-CRICK-Modell mit einer breiteren Spezifität mit der dritten Base des Codons. Dies hängt von den räumlichen Bedingungen im Anticodon-Bereich der t-RNS zusammen. Im Anticodon wurden als 3. Base (von 3′ nach 5′ gelesen) neben den vier Hauptbasen A, U, G, C noch Basen gefunden, die nur in kleinen Mengen in der t-RNS vorkommen, z. B. Hypoxanthin und 2-O-Methylguanin. Das Hypoxanthin (H) vermag sich in nichtklassischer Weise mit U, C oder A zu paaren (Tab. 8).

Tabelle 8:

Wobble-Paarung zwischen Codon und Anticodon an der dritten Position des Codons (nach CRICK)

Anticodon	Codon
U	A, G
C	G
A	U
G	UC
H	UCA

3.2.5. *Die Universalität des genetischen Codes*

Alle Untersuchungen sprechen dafür, daß der Codewort-Katalog (Tab. 7) für alle Organismen, die auf der Erde existieren, gültig ist. Das heißt, daß jede Aminosäure in der Natur, ob bei *E. coli*, im Pflanzenreich oder beim höheren Säugetier, durch die gleiche Gruppe Codons genetisch verschlüsselt ist. Gleiches gilt für die Codon-Anticodon-Beziehungen, d. h. für die Beziehungen zwischen einer mit Aminosäure beladenen t-RNS und dem Proteinsynthese-Komplex.

So bringt z. B. die aminosäuretragende t-RNS aus *E. coli* diese an die richtige Position in einem Hämoglobin-Synthese-System aus Säugetier-Reticulocyten. Nicht universell sind hingegen die Beziehungen zwischen dem Aminoacyl-adenylat und der t-RNS. Letzere werden durch die aktivierte Aminosäure nicht beladen, wenn die Aminoacyl-RNS-Synthetase und die t-RNS von verschiedenen Species stammen.

Die Tatsache der Universalität des Codes könnte zwei verschiedene Gründe haben, nämlich: 1. Die Urform aller lebendigen Organismen verfügte bereits über den Code, bevor die divergente Evolution begann; letztere war dann ohne Einfluß auf die grundsätzlichen Eigenschaften des Codes. 2. Während der Evolution existierte ein Zwang für die sich entwickelnden Systeme, diesen Code anzunehmen und aufrechtzuerhalten. Dieser Zwang könnte durch bisher unbekannte Gesetzmäßigkeiten physikalischer, chemischer und räumlicher Wechselwirkungen zwischen den Aminosäuren und den Nukleinsäure-Basen auf molekularer Basis zustandegekommen sein.

3.2.6. *Genetisch bedingte Anomalien der Proteinstruktur*

Die am besten untersuchten Beispiele genetisch bedingter *Proteinanomalien* stammen aus der Erforschung der *Hämoglobine*. Hier sind eine Reihe von Mutanten bekannt, die nur jeweils einen Kettentyp betreffen und im Austausch einer einzigen Aminosäure gegen eine andere bestehen (s. S. 51f, Teil I). Diese Proteinanomalien unterliegen im Erbgang den MENDELschen Gesetzen.

Die genetischen Analysen zeigen, daß α-, β-, γ- und δ-Ketten, die im Hämoglobin A, F und A_2 (d. i. ein kleiner Anteil des normalen Erwachsenenhämoglobins mit der Formel $\alpha_2^A\,\delta_2^A$) vorkommen, durch separate Gene determiniert werden. Die α-Ketten des HbA, HbA_2 und HbF z. B. werden durch das gleiche Gen kontrolliert. Bei β-Kettenanomalien sind demzufolge die α- und δ-Ketten völlig normal. Bei α-Ketten-Anomalien sind die α-Ketten aller drei Hämoglobintypen A, A_2 und F gleichermaßen betroffen.

Diese Befunde führen in Verbindung mit anderen Tatsachen zu der Hypothese, daß *ein* Gen die Struktur *einer* Polypeptidkette festlegt. Damit wird ausgedrückt, daß eine genetische Einheit die Länge eines DNS-Polynucleotides hat, das die genetische Information für die Zusammensetzung und die Aminosäuresequenz einer Polypeptidkette trägt. Die funktionelle Einheit eines DNS-Abschnittes, der für die Synthese z. B. eines Proteinmoleküls verantwortlich ist, bezeichnet man im allgemeinen nicht mehr als Gen, sondern als Cistron.

3.2.7. Realisierung der in der DNS enthaltenen genetischen Information

Diese Erörterungen leiten zu der Frage über, auf welche Weise die in der DNS verankerte Information auf das Cytoplasma übertragen wird und dort zur Synthese spezifischer Proteinmoleküle führt. Einzelheiten dieser Reaktionskette wurden bereits an anderer Stelle besprochen (s. S. 78ff, Teil IV), so daß hier nur eine zusammenfassende Darstellung erforderlich ist. Die DNS übergibt ihre Information an eine spezifische RNS, die Boten-(Messenger-)RNS, die eine genaue Kopie der DNS darstellt. Diesen Vorgang bezeichnet man als Transcription.

Es wurde eine Theorie der Transcription entwickelt, die den Mechanismus der Synthese der Boten-RNS an der DNS-Doppelhelix zum Gegenstand hat. Wahrscheinlich dient nur ein Polynucleotidfaden der Doppelhelix als Matrize für die Boten-RNS-Synthese. Das diese Reaktion katalysierende Enzym ist die DNS-abhängige RNS-Polymerase, deren Struktur und Funktionsweise äußerst komplex ist (s. S. 220f., Teil III). Die Hypothese besagt, daß während der Synthese der Boten-RNS ein Faden aufgebrochen wird und die beiden Stränge auf einer kurzen Strecke auseinanderweichen. Der aufgebrochene Strang wirkt als Matrize für die Boten-RNS-Synthese. Man bezeichnet ihn als „Transcriptions-Strang". Dieser kann zur Synthese eines oder mehrerer Moleküle Boten-RNS dienen. Während dieses Prozesses wird an dem zurückgebliebenen, nicht aufgebrochenen DNS-Strang („Referenz-Strang") ein komplementärer Faden synthetisiert, der dem „Transcriptions-Strang" identisch ist (JONES und TRUMAN; Abb. 28).

Die Boten-RNS wandert in der Form von Informosomen in das Cytoplasma ein, lagert sich dort den Ribosomen auf und bewirkt dadurch die Bildung von proteinsynthetisierenden Polysomen. Die Anheftung der Boten-RNS an die Ribosomen erfolgt offensichtlich dadurch, daß diese zur ribosomalen RNS Wasserstoffbindungen ausbildet. Die Boten-RNS stellt die Matrize für die Proteinsynthese dar. Ein ungepaartes Basen-Triplett der t-RNS (Anticodon) wird mittels Wasserstoffbindungen an das dazu passende Nucleotid-Triplett der Boten-RNS angelagert. Dadurch wird die Aminosäure in die richtige, d. h. bereits in der DNS verankerten Position gebracht. Mit Hilfe dieses Mechanismus wird die Synthese spezifischer Proteinmoleküle gesichert.

Auf diese Art und Weise erfolgt eine „Übersetzung" aus der „DNS-Schrift" in die „Protein-Schrift" (Translation). Die Aminosäuresequenz der synthetisierten Polypeptidkette liegt demnach in dem entsprechenden Strukturgen fest (Abb. 29). Ändert sich die Nucleotidsequenz

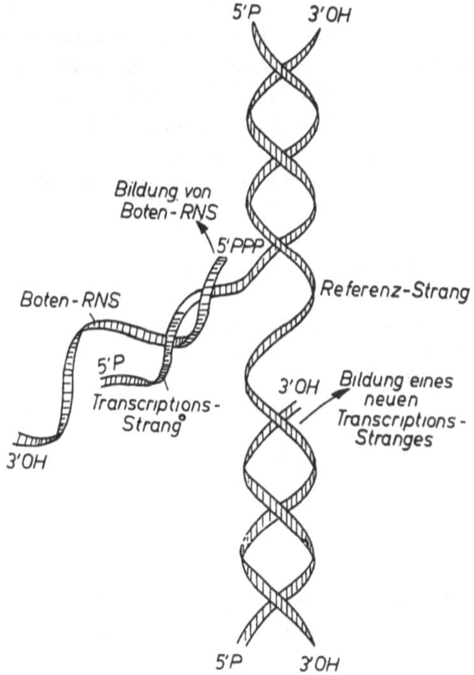

Abb. 28: Bildung der Boten-RNS (nach JONES und TRUMAN)

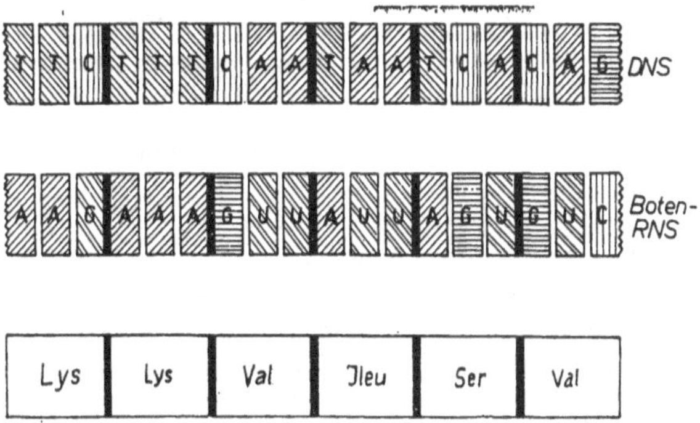

Abb. 29: Entschlüsselung des genetischen Codes

dieses Strukturgens in einem bestimmten Triplett, so wird diese Änderung auf die Boten-RNS übertragen, die den abgeänderten Informationsinhalt dem proteinsynthetisierenden System mitteilt. Die Folge ist, daß sich die Primärstruktur des synthetisierten Proteinmoleküls an einer bestimmten Aminosäureposition ändert. Ein Beispiel dazu ist in Abb. 30 dargestellt. Sie gibt die genetische

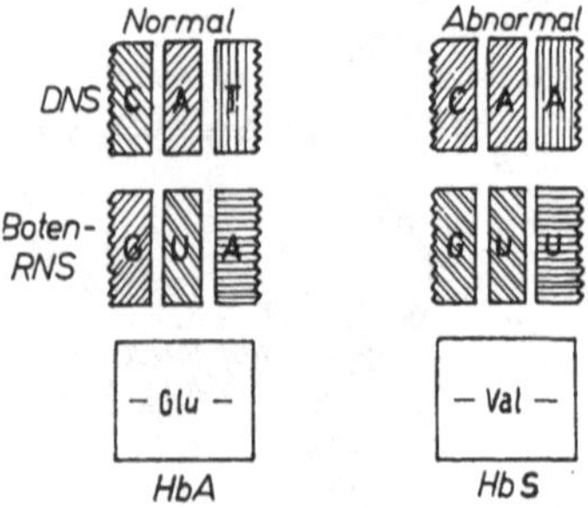

Abb. 30: Entstehung des Sichelzellhämoglobins (HbS)

Ursache des Unterschiedes zwischen HbA und HbS (s. S. 52, Teil I) wieder, die in dem Austausch einer einzigen Aminosäure der β-Kette (Glu → Val) besteht. Die voranstehenden Erörterungen werden in der Form der Sequenz-Hypothese zusammengefaßt (CRICK). Diese besagt, daß die Information von der DNS ihren Ausgang nimmt, über die RNS läuft und schließlich im Protein realisiert wird.

$$\text{DNS} \xrightarrow{\text{I}} \text{RNS} \xrightarrow{\text{II}} \text{Protein}$$

CRICK baute diese Vorstellungen zum „zentralen Dogma der Molekularbiologie“ aus. Dieses besagt, daß der Informationsfluß in nur *einer* Richtung erfolgt, nämlich in der oben angegebenen Weise, von den Nucleinsäuren zum Protein. Die Informationsübertragung von der DNS zur RNS bezeichnet man als Transcription (I), die Informationsübertragung von der RNS zum

Protein als Translation (II) (s. o.). Neuere Arbeiten von SPIEGELMAN haben zu neuen Einsichten auf diesem Gebiet geführt. In cancerogenen RNS-Viren kann der erste Schritt auch in umgekehrter Richtung verlaufen. In diesen Viren wurde ein Enzym nachgewiesen, das die Virus-RNS als Matrize für die DNS-Synthese benutzt. Dieses neu entdeckte Enzym ist demnach eine RNS-abhängige DNS-Polymerase. Nach dem Eindringen des Virus in die Wirtszelle wird an der Virus-RNS mit Hilfe dieses Enzyms eine DNS-Kopie angefertigt, die danach repliziert wird und von der im Anschluß daran über die Messenger-RNS die Virus-Protein-Synthese ihren Ausgang nimmt.

3.3. Regulation der Proteinsynthese und der Genaktivität

In Bakterien, aber auch in Zellen höherer Organismen wurde gefunden, daß nicht gleichzeitig alle Enzyme vorhanden sind, die die betreffende Zelle überhaupt zu synthetisieren vermag. Die *Potenz* zur Synthese verschiedener Enzyme ist im allgemeinen *größer* als im *Enzymbestand* einer Zelle zu einem bestimmten Zeitpunkt zum Ausdruck kommt. Sehr verbreitet ist, daß das Enzymprofil einer Zelle Änderungen in Abhängigkeit von verschiedenen Umweltbedingungen erfährt. Diese interessanten Erscheinungen wurden eingehenden biochemischen und genetischen Untersuchungen unterzogen. Dabei erzielte man Einblicke in das komplexe Wechselspiel zwischen *Organismus* und *Umwelt* und erweiterte gleichzeitig wesentlich die Kenntnisse über die Wirkungsweise der Gene.

Es gibt Substanzen, die in der Lage sind, bei Mikroorganismen (diese haben sich für die Erforschung dieses Gebietes als besonders geeignet erwiesen), aber auch bei Tieren und Pflanzen die Synthese bestimmter Enzyme bzw. Enzymsysteme zu steigern. Man bezeichnet die Erscheinung als *Induktion*. Ein besonders gut untersuchtes

Beispiel der Induktion ist das Laktosesystem von *E. coli*. Man versteht darunter die Synthesesteigerung mehrerer Enzyme der Laktoseverwertung. Diese Steigerung der Synthese wird durch Laktose selbst oder durch andere β-Galaktoside induziert. Man bezeichnet solche Substanzen als *Induktoren*. Weitere Beispiele von Enzym-Induktionen sind bei Mikroorganismen die Synthese von Penicillinase nach Benzylpenicillinzugabe und die Synthese von α-Amylase nach Zugabe von Maltose.

Bei Säugetieren können die Tryptophanperoxydase in Leber durch Tryptophan, die Xanthinoxydase durch Xanthin, die Adenosindesaminase durch Adenosin induktiv gesteigert werden.

Das Phänomen der Induktion, d. h. die Steigerung der Enzymsynthese, verdeutlicht die *hohe Ökonomie* des Zellstoffwechsels und die Möglichkeit einer Anpassung an veränderte Umweltbedingungen.

Schon frühzeitig wurde erkannt, daß strukturelle Ähnlichkeiten zwischen den verschiedenen Induktoren und den Substraten des induzierten Enzyms bzw. Enzymsystems bestehen. Es fiel aber auf, daß bei einem Induktor die Bindungsaffinität an das Enzym, die Umsatzgeschwindigkeiten als Substrat und die Induktionseigenschaften nicht parallel zu gehen brauchen. Dies verdeutlicht, daß nicht eine einfache Substratwirkung auf die Enzymsynthese vorliegt. Entsprechende Analysen ergaben, daß die induzierbaren Enzyme von *E. coli*, β-Galaktosidase, Tryptophanase und D-Serindesaminase, etwa drei Minuten nach Zugabe des jeweiligen Induktors erscheinen. Diese Verzögerungsphase zeigt, daß von der Zugabe des Induktors an eine Folge von Stoffwechselprozessen ablaufen muß, ehe die ersten Moleküle neu synthetisierten Enzyms nachweisbar werden. Als Ergebnis der Induktion kann es dabei zu einer 1000fachen Steigerung der Enzymaktivität als Folge der gesteigerten Enzymsynthese kommen. Das induzierbare laktoseverwertende Enzymsystem aus *E. coli* besteht aus der *β-Galaktosid-Permease*, *β-Galaktosidase* und *Thiogalaktosid-Transacetylase*.

Der Induktion steht das Erscheinungsbild der *Repression* gegenüber. Diese wurde ebenfalls an Mikroorganismen intensiv studiert. Sie ist dadurch gekennzeichnet, daß bestimmte Substanzen in der Lage sind, die Synthese von Enzymen zu unterdrücken. Beispiele hierfür sind Mikroorganismen, die normalerweise befähigt sind, Enzyme zur Synthese bestimmter Aminosäuren (Arginin, Tryptophan, Histidin) selbst zu synthetisieren. Setzt man zum Kulturmedium solcher Zellen eine der drei Aminosäuren zu, so tritt eine Hemmung in der Synthese der die betreffende Aminosäure synthetisierenden Enzyme ein. Diese Aminosäuren haben also die Funktion von *Repressoren.*

Induktion und Repression sind gegensätzliche Phänomene, die, wie wir sehen werden, eng miteinander vergesellschaftet sind. Die Induktion wird vorwiegend bei katabolisch, die Repression vorwiegend bei anabolisch wirkenden Enzymen beobachtet. In beiden Fällen handelt es sich um *sehr verbreitete, hochspezifische* Vorgänge, sowohl im Hinblick auf den Induktor und Repressor als auch auf das induzierte bzw. reprimierte Enzymsystem. Induktion und Repression wurden einer eingehenden *genetischen Analyse* unterzogen.

Als Beispiel sei die Induktion des *Lactose-Systems* von *E. coli* angeführt. Man isolierte zunächst zwei verschiedene Mutanten, von denen die eine *keine Permease*, die andere *keine β-Galaktosidase* synthetisieren konnte. Die Struktur beider Proteinmoleküle wird durch zwei separate Gene (y und z) determiniert (Strukturgene). Bei einem dritten Mutationstyp werden diese beiden Enzyme des Laktosesystems auch in Abwesenheit des Induktors synthetisiert (*konstitutive Mutanten*). Diese Mutation muß also Gene betreffen, welche die Tätigkeit der y und z Gene regulieren bzw. kontrollieren (Regulatorgene). Weitere Untersuchungen ergaben, daß noch eine dritte Gruppe von Genen an der Kontrolle der Synthese von Proteinmolekülen beteiligt ist, die Operatorgene. Alle drei Gentypen zeigen genetische Unabhängigkeit, sie wirken jedoch biochemisch zusammen bei der geordneten Synthese von Proteinen.

Man kann die Induktion und Repression unter vereinheitlichenden Gesichtspunkten betrachten (Jacob und Monod). Wie schon erwähnt (s. S. 117ff, Teil IV), erfolgt die Festlegung der Polypeptidstruktur durch das *Strukturgen,* von dem die Synthese der Messenger-(Boten-)

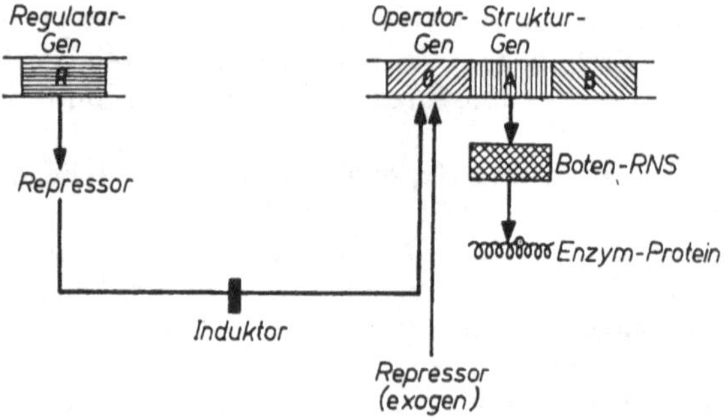

Abb. 31: Regulation der Proteinsynthese (nach Jacob und Monod)

RNS ausgeht. Die Tätigkeit des jeweiligen Strukturgens wird durch die „*Aktivität*" des *Operatorgens* determiniert. Die Aktivität des Operatorgens seinerseits wird durch das *Regulatorgen* kontrolliert. Dieses produziert einen *Repressor*, der das Operatorgen in seiner Tätigkeit hemmt. Man unterscheidet „*genetische Repressoren*" von „*metabolischen Repressoren*" (Arginin, Histidin usw., s. o.). Der metabolische Repressor wirkt entweder allein oder gemeinsam mit dem genetischen Repressor hemmend auf den Operator. Ein Induktor hebt die Tätigkeit des Repressors auf, indem er sich mit ihm verbindet und dadurch den Operator aktiviert, so daß dieser die Synthese der Boten-RNS an den Strukturgenen frei gibt (Abb. 31).

Es gibt Anzeichen dafür, daß ein Operatorgen für *mehrere* Strukturgene verantwortlich ist und daß diese linear hintereinander angeordnet sind. Man bezeichnet ein solches System als *Operon*. Ein Operon ist dadurch definiert, daß es eine Gruppe von Strukturgenen enthält, die eine koordinierte Aktivität entfalten, d. h. deren Messenger-RNS-Synthese sequentiell nacheinander erfolgt. Besonders intensiv ist das *Histidin-Operon* von Salmonella typhimurium, welches die Synthese von zehn Enzymen der Histidin-Biosynthese aus Phosphoribosylpyrophosphat verantwortlich lenkt, untersucht worden. Es werden zwei biochemische Modelle für die Regulation der Operonaktivität diskutiert. Einmal könnte pro Strukturgen je ein Boten-RNS-Molekül synthetisiert (*Ein-Gen-ein-Messenger-Theorie*), zum anderen könnte pro Operon, also für mehrere benachbarte Strukturgene polycistronisch ein einziges Boten-RNS-Molekül gebildet werden (*Ein-Operon-ein-Messenger-Theorie*). Manche Autoren geben der zweiten Vorstellung den Vorzug. Es ist jedoch nicht bekannt, ob die langkettige Boten-RNS vor der Enzym-Synthese in *Cistron-Einheiten* zerfällt oder nicht. Unter Cistron versteht man eine funktionelle genetische Einheit. Induktion und Repression haben demnach gemeinsam, daß sie die Strukturgene in ihrer Aktivität hinsichtlich der Synthese von Messenger-RNS beeinflussen. In diesem Modell sind der Prozeß der Transcription und die Menge vorhandener Messenger-RNS geschwindigkeitsbestimmende Faktoren für die Proteinsynthese.

Unmittelbar nach der Aufstellung des MONOD-JACOB-Modells der Regulation der Genaktivität wurde die Frage nach der chemischen Natur des Repressors gestellt. Bald darauf (1966) wurde von GILBERT und MÜLLER-HILL ein allosterisches Protein mit einem Molekulargewicht von 160000 isoliert, das alle Merkmale des Repressors des Lactose-Operons trägt. Es verbindet sich mit dem Operatorgen, und hat demzufolge eine DNS-bindende Region. Das Protein hat auch eine Bindungsregion für den Lactose-Induktor. In Übereinstimmung mit den Anforderungen des Modells, wird bei der Bindung des Induktors an das Repressorprotein dessen Bindungsaffinität zur Operator-DNS vermindert. Dieser DNS-Abschnitt wird folglich frei und kann als Ausgangspunkt für die Synthese der Messenger-RNS fungieren.

Es sind nicht nur, wie bei dem eben Gesagten, Verminderungen der Repressor-Affinität zur DNS-Matrize durch Bindung eines niedrigmolekularen Effektors beobachtet worden, sondern auch Affinitätssteigerungen. Wie bereits erwähnt, reprimiert Arginin die Synthese des Enzyms, welches am Beginn des Arginin-Biosynthese-Weges steht. Die molekulare Basis der Argininwirkung besteht dabei darin, daß es sich als Corepressor mit dem Repressor verbindet und dadurch, ebenfalls wahrscheinlich durch einen allosterischen Mechanismus, die Assoziation des Repressors mit der DNS des Operatorgens verstärkt. Dadurch wird verhindert, daß die Synthese von Messenger-RNS beginnt. Über das eigentliche molekulare Ereignis, welches zur Hemmung (Repression) oder Aufhebung der Hemmung (Induktion) der Tätigkeit des Operatorgens führt, gibt es gegenwärtig nur Vermutungen. Es ist denkbar, daß infolge der Besetzung des Operatorgens mit dem Repressor die Bindung der DNS-abhängigen RNS-Polymerase an den sog. Promotor, d. h. an die Stelle im Operatorgen, von der der Transcriptionsprozeß seinen Ausgang nimmt, verhindert oder daß bereits gebundene Polymerase am Fortschreiten des Transcriptionsprozesses gehemmt wird.

Für die Synthese der verschiedenen Ketten des *Hämoglobins* sind neben *Strukturgenen* ebenfalls verschiedene *Operator-* und *Regulatorgene* nachgewiesen worden. Die Aktivität des γ-Ketten-Strukturgenes unterliegt wahrscheinlich einer doppelten Kontrolle, nämlich einerseits dem Zusammenwirken von Regulatorgenen und Operatorgenen, andererseits einem endogenen Induktor, der mit dem genetischen Repressor reagiert.

Damit ist es möglich zu erklären, weshalb unmittelbar nach der Geburt das γ-Ketten-enthaltende Hämoglobin F (foetales Hämoglobin $\alpha_2\gamma_2$) abnimmt und dessen HbA (Erwachsenen-Homoglobin, $\alpha_2\beta_2$) synthetisiert wird. Es ist das Ergebnis des Zusammenwirkens verschiedener Operatorgene und Regulatorgene unter Einbeziehung eines endogenen Induktors.

3.4. Regulation der DNS-Replikation

Für die Regulation der Aktivität der Strukturgene hinsichtlich der Synthese von Boten-RNS („*Transcription*") gibt es ein Netz von zugeordneten Regulator- und Operatorgenen. In höheren Organismen scheinen basische Proteine, die *Histone*, vielleicht auf unspezifische Weise, die Genaktivität, d. h. Replikation und Transcription, zu beeinflussen. Die Bindung von Histonen an die DNS scheint letztere in ihrer genetischen Aktivität zu hemmen. Auch scheinen Hormone an der Regulation der DNS-Aktivität mitzuwirken. Das Häutungshormon Ecdyson vermag bei Chironomus tentans eine Aktivierung von Chromomeren zu bewirken (Clever und Karlson).

Bei Bakterien konnten Einblicke in die Regulationsmechanismen der DNS-Replikation gewonnen werden, die möglicherweise verallgemeinerungsfähig sind (Jacob, Brenner und Cuzin). Genetische Analysen ergaben, daß in *E. coli* die genetische Information im bakteriellen Chromosom verankert ist, das offensichtlich ringförmige Struktur hat. Es wurde weiterhin gefunden, daß dieses bakterielle Chromosom eine selbständige Replikationseinheit darstellt. Dies ist ein wesentlicher Unterschied zum Chromosom höherer Organismen, welches aus einer Vielzahl solcher Replikationseinheiten, besteht. Die Existenz eines circulären Chromosoms wurde autoradiographisch in Bakterien nachgewiesen, die mit tritiummarkiertem Thymidin behandelt wurden. In diesem Chromosom ist die DNS als Doppelfaden vorhanden, der eine Länge von etwa 1000–1400 μ hat.

Die Replikationseinheit, die nach dem Gesagten mit dem bakteriellen Chromosom identisch ist, wird als Replicon bezeichnet. Sie kann sich nur als Ganzes replizieren. Es scheint, daß der Replikationsprozeß einer positiven Regulation unterliegt (die Proteinsynthese unterliegt durch die Repressoren einer negativen Regulation). Diese positive Regulation kommt dadurch zum Ausdruck, daß eine Substanz, ein sog. Initiator, den Replikationsprozeß aktiviert. Dieser Initiator ist mög-

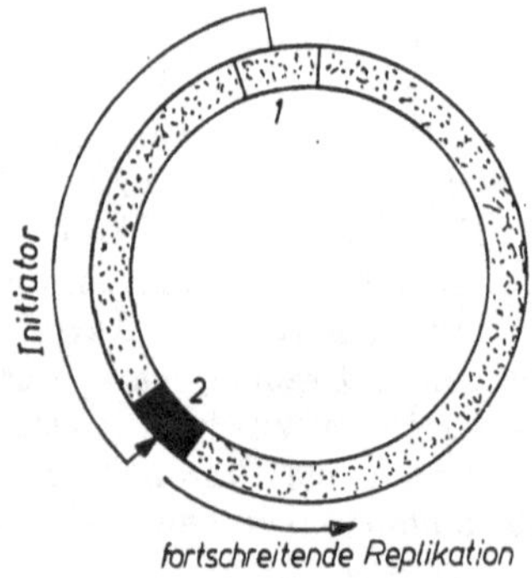

Abb. 32: Modell eines circulären bakteriellen Chromosoms (Replicon). 1 – Initiatorproduzierendes Strukturgen, 2 – Replikator (nach JACOB u. a.)

licherweise DNS-Polymerase oder ein ähnliches Enzym (Einzelheiten über dieses Enzym s. S. 223, Teil III). Die Synthese des Initiators wird durch ein besonderes Strukturgen kontrolliert. Für den Initiator gibt es ein spezifisches Operatorgen, an dem die Replikation beginnt. Man bezeichnet dieses Gen als Replikator. Vom Replikator ausgehend vollzieht sich nach dieser Theorie die Replikation des gesamten Replicons entlang der ringförmigen Struktur (Abb. 32). Die Initiierung der DNS-Replikation setzt die Anheftung des Bakterienchromosoms an dic Zellmembran voraus. Die Gleichverteilung der Chromosomen beim Teilungsprozeß wird durch Synthese der neuen Zellmembran bewirkt.

Mit Hilfe dieses Modells läßt sich auch die Phagenvermehrung in einer Bakterienzelle erklären (vgl. S. **94**ff.). Die Phagen-DNS würde demzufolge als *Replicon* fungieren, die den ihr gemäßen Initiator produziert. Dieser aktiviert nur den Replikator des betreffenden Phagen, nicht aber den des bakteriellen Chromosoms. Auf diese Weise wird erklärt, daß die Phagen-DNS sich unabhängig von der bakteriellen DNS repliziert. Dieser Vorstellung gemäß soll bei temperierten Phagen im Prophagenstadium die Synthese des Phagen-Initiators repressorisch gehemmt und aus diesem Grunde die Replikation der Phagen-DNS verhindert sein. Da jedoch in diesem Fall die Phagen-DNS Bestandteil der bakteriellen DNS und damit des bakteriellen Replicons ist, wird es mit diesem gemeinsam, dem Teilungsrhythmus der Zellen gemäß, repliziert.

Es bleibt zu prüfen, ob auch die DNS-Replikation in den höheren Organismen auf diese Weise reguliert wird. Unabhängig davon sind jedoch mit der Aufdeckung solcher Zusammenhänge tiefe Einblicke in die Regulation der Grundprozesse der belebten Materie gewonnen worden.

3.5. Biochemische Aspekte der plasmatischen Vererbung

Im Cytoplasma sind selbständige genetische Elemente verankert, die gemeinsam mit den Erbanlagen des Kerns das gesamte genetische System der Zellen bilden. Von Bedeutung ist dabei die Frage, ob *Plastiden* oder *Mitochondrien* genetische Systeme enthalten, die deren Entstehung und Vermehrung kontrollieren. Es wurde die Hypothese entwickelt und durch Experimente gestützt, daß diese Zellorganellen nicht *de novo* synthetisiert werden, sondern aus nicht differenzierten Vorformen, den *Proplastiden* und *Promitochondrien* entstehen. Diese Organellen duplizieren sich und enthalten, wenn auch nur geringe Mengen, RNS und auch DNS. Chloroplasten des Spinates enthalten etwa 1% der gesamten DNS. Auch elektronenoptisch wurde DNS in den Chloroplasten von Chlamydomonas nachgewiesen. Der RNS-Gehalt von Mitochondrien beträgt etwa 0,5—1% ihres Trockengewichtes. Es wurde gefunden, daß in isolierten Lebermitochondrien die Eiweißsynthese durch Actinomycin D hemmbar ist. Da bekannt ist, daß Actinomycin D spezifisch die Synthese von RNS an der DNS-Matrize, also die Synthese von Boten-RNS hemmt (vgl. S. 80, Teil IV), ist daraus indirekt auf die Anwesenheit von DNS auch in Mitochondrien geschlossen worden. Elektronenoptisch sind in Mitochondrien Fibrillen nachgewiesen worden, die durch DNase entfernt werden konnten. Von besonderem biologischen Interesse ist, daß das Genom sowie der Proteinsyntheseapparat dieser Zellorganellen denen der Bakterien äußerst ähnlich ist. Daraus hat man Rückschlüsse auf die Evolution der Mitochondrien und Plastiden gezogen. Proplastiden und Promitochondrien stellen Bläschen dar, die von einer Doppelmembran umgeben sind. Im Verlauf der Differenzierung tritt eine Invagination der inneren Membran an verschiedenen Stellen ein, wodurch schließlich die Cristae mitochondriales entstehen. Plastiden und Mitochondrien vermehren sich durch einfache Spaltung, unabhängig davon, ob sie im differenzierten Zustand oder als Vorformen vorliegen. Dabei scheint eine Replikation ihrer DNS einzutreten.

Die Differenzierung beider Organellen, Plastiden und Mitochondrien, aus ihren Vorstufen kann durch bestimmte Umweltbedingungen ausgelöst werden. Dies sind Licht bei den Plastiden (Euglena) und Sauerstoff bei den Mitochondrien (Hefe). Unter dem Einfluß von Licht kommt es in den Proplastiden zur Synthese von Chlorophyll und anderen Pigmenten sowie den Enzymen der Photosynthese. Sauerstoff bewirkt in Promitochondrien von Hefe die Synthese von Cytochromoxydase, Cytochrom-Reduktase, Katalase u. a. Enzymen. Es bestehen also hierbei Induktionsphänomene, die Ähnlichkeiten mit dem Lactose-System von *E. coli* haben (s. S. 122ff, Teil IV). Möglicherweise enthalten die Plastiden und Mitochondrien Kontrollgene in Form von Operatorgenen und Regulatoren. Außerdem scheinen sie konstitutive Gene zu enthalten, die einmal für die Teilung dieser Organellen sowie für die Ausbildung eines auch in den Vorstufen dieser Organellen vorhandenen Enzymbestandes verantwortlich sind (Enzyme zur Stärkesynthese in den Proplastiden, Cytochrom c in den Promitochrondrien der Hefe).

4. Prinzipien der Stoffwechselregulation

4.1. Allgemeine Betrachtungen

Charakteristisch für lebende Organismen ist ihr *hoher Ordnungszustand*, d. h. die feine gegenseitige Abstimmung aller in ihnen ablaufenden Prozesse. Dieser ist unter den verschiedenen Bedingungen, denen die belebte Materie unterliegen kann, realisiert, z. B. bei Ruhe und Aktivität, bei den Prozessen der Differenzierung und Entdifferenzierung, der Induktion und Repression, in Aerobiose und Anaerobiose. In jedem Falle sind Kontrollmechanismen wirksam, die einen hohen Grad der Anpassung des lebendigen Organismus an die jeweilige Situation sichern und die einen „sinnvollen" Ablauf der Lebensvorgänge gewährleisten. Die Vielfältigkeit lebendiger Systeme, ihre jeweilige Organisationsstufe und die Rahmenbedingungen ihres Lebens lassen deutlich werden, daß ein ganzes Netz von Regulations- und Kontrollmechanismen in der belebten Natur existieren muß. Es ist zweckmäßig, verschiedene Niveaus in der Organisation der Kontrollsysteme zu unterscheiden.

Für die belebte Materie, von den einzelligen Mikroorganismen bis zu den hochdifferenzierten Pflanzen und Tieren, gelten grundsätzlich die gleichen Regelsysteme, solange man sich auf dem Niveau des Zellstoffwechsels befindet. Obwohl die Regelmechanismen die gleichen sind, können jedoch die regulierenden Faktoren bei ein und demselben Stoffwechselprozeß bei verschiedenen

Organismen, z. B. in Bakterien und höheren Tieren, durchaus verschieden sein. Das hängt von den inneren und äußeren Bedingungen des betreffenden Organismus ab, die entweder genetisch fixiert sind oder durch das Milieu bestimmt werden.

Gegenüber den niederen besitzen die höheren Organismen jedoch zusätzliche Regelmechanismen, die für das koordinierte Zusammenwirken der einzelnen Organe und Organsysteme sowie für die Anpassungsfähigkeit des Organismus an veränderte Umweltverhältnisse verantwortlich sind. Diese können vielfältiger Natur sein. Sie kommen z. B. darin zum Ausdruck, daß eine normale Zelle in einem Gewebe- oder Organverband sich nicht autonom verhält. Ihr Stoffwechsel, ihre Teilungsgeschwindigkeit, ihre Stoffabgabe sind der Funktion des Organs untergeordnet, diese wiederum ist dem Funktionszustand des ganzen Organismus angepaßt. Was für eine einzelne Zelle in einem Gewebe oder Organ gilt, findet auch Anwendung für die Einordnung eines Zellverbandes in das Leben eines ganzen Organismus. Übergeordnete Kontrollmechanismen müssen existieren, die diese Abstimmungen zu vollbringen haben. Es sind dies nervale und hormonale Einflüsse. Die Atrophie von Geweben nach Denervierungen legt Zeugnis von der großen Bedeutung nervaler Reize auf den Zellstoffwechsel ab. Im einzelnen ist man über die Biochemie solcher Wirkungen noch verhältnismäßig wenig informiert.

Die Bedeutung der Hormone für die Zellstoffwechselregulation ist schon mehrfach besprochen worden. Bei einzelnen Hormonen konnte der Feinmechanismus ihrer Wirkung weitgehend aufgeklärt werden, so z. B. für Adrenalin und Glucagon. Für Insulin, Thyroxin, ACTH und das Wachstumshormon bahnt sich ein grundsätzliches Verständnis der Wirkungsweise im Zellstoffwechsel an. Bei anderen Hormonen (Parathormon, Sexualhormone, Oxytocin u. a.) steht man erst am Anfang. Charakteristisch für die Hormone ist, daß sie in solchen Zellen und Geweben, die nicht ihre Bildungsorte sind, Kontrollfunktionen im Stoffwechsel ausüben. Das geschieht entweder direkt (Aktivierung bzw. Hemmung von Enzymen, Steigerung bzw. Hemmung der Enzymsynthese) oder indirekt (Einfluß auf zelluläre Membranen, Quellungszustand der Mitochondrien usw.). Von besonderem Gewicht ist die grundlegende Erkenntnis, daß die übergeordneten Kontrollsysteme (Nervensystem und endokrines System) biochemische Wirkungen entfalten, d. h. den Zellstoffwechsel unmittelbar oder mittelbar beeinflussen.

Beträchtliche Impulse erhielt die Erforschung der Kontrollsysteme und ihrer Gesetzmäßigkeiten in lebenden Zellen und Organismen durch die *Kybernetik*. Man versteht darunter einen vor allem in den letzten 20 Jahren stark hervorgetretenen Wissenschaftszweig, der sich mit der Kontrolle, Steuerung, Informationsübertragung und -speicherung in biologischen Systemen beschäftigt (WIENER; *Kybernesis*-Steuerung). Zahlreiche Impulse erhielt diese Disziplin aus der Technik. Hier sind es die Regelkreise in den automatisch, d. h. selbstgesteuerten Systemen, die zum Teil als Modelle zum Verständnis biologischer Regelmechanismen dienten. Eine besondere Bedeutung hat die Kybernetik bei der Erforschung der Nervenerregung, Erregungsübertragung usw., aber auch in den Beziehungen der endokrinen Drüsen untereinander erlangt.

Wesentlich für unsere Fragestellung ist, daß die Gesetzmäßigkeiten sich selbst regulierender Systeme auch im Ablauf des Zellstoffwechsels an Reaktionsketten, ja selbst an einer Reaktion, die von einem einzigen Enzym katalysiert wird, nachzuweisen sind.

Ein *Regelkreis* besteht aus mehreren Gliedern. Er hat die Aufgabe, eine Größe (Regelgröße) auf einem bestimmten Wert konstant zu halten (z. B. einen bestimmten ATP-Spiegel in der Zelle). Wenn diese Regelgröße vom Sollwert (z. B. 5 μMol ATP/ml Zellwasser) abweicht, trachtet das System danach, diesen Sollwert wieder einzustellen. Dies geschieht, indem eine weitere Größe (Stellgröße) verändert wird, die z. B. eine ATP-Verminderung zu beheben vermag. Dies würde in unserem Fall eine gesteigerte ATP-Synthese sein. Die Stellgröße wäre also die Geschwindigkeit der ATP-liefernden Reaktionen, die dem Regelkreis angeschlossen sind. Die Veränderungen des Sollwertes werden vom Regler registriert, z. B. in Form der erhöhten ADP- und Phosphatkonzentration.

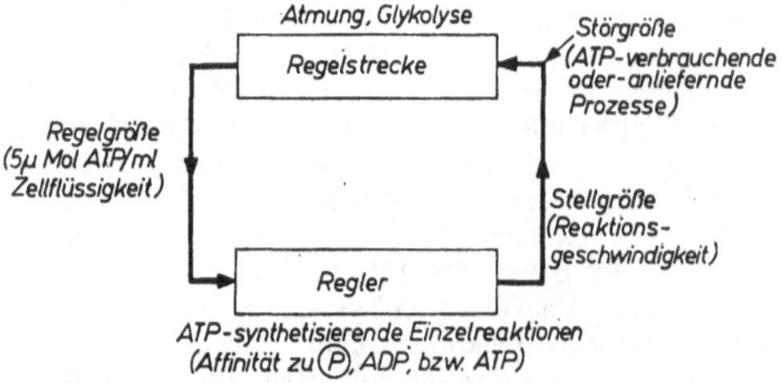

Abb. 33: Regelkreis am Beispiel des ATP-Gehaltes in der Zelle

Dadurch wird die Regelstrecke (Atmung und Glykolyse als ADP- und phosphatverbrauchende und ATP-liefernde Prozesse) beeinflußt. In diesem Fall bedeutet dies eine Steigerung der Durchsatzgeschwindigkeit. Auf die Regelstrecke wirken ständig Störgrößen ein, die in unserem Falle eine ATP-Verminderung (ATPase, ATP-verbrauchende Synthesen) oder ATP-Erhöhung (Hemmung des ATP-Verbrauchs oder Vergrößerung der ATP-Anlieferung aus anderen Quellen) verursachen können. Diese werden jedoch vom Regler registriert, da sie eine Veränderung der Regelgröße hervorrufen. Der Regler sorgt seinerseits dafür, daß diese Veränderungen ausgeglichen werden (Abb. 33).

Im Zellstoffwechsel lassen sich sehr viele derartige *Regelkreise* finden, die auch ineinander verflochten ablaufen. Eine Störgröße in dem einen Regelkreis kann Regelgröße, Regler oder ein anderes Glied in einem zweiten sein. Dadurch wird ein komplexes Netzwerk von

Kontrollmechanismen geschaffen, das die Ordnung des Zellstoffwechsels gewährleistet. Ein im Zusammenhang mit Regelungsvorgängen gebräuchlicher Ausdruck ist die *Rückkopplung* („*feedback*"). Wenn ein Zwischenprodukt oder das Endprodukt einer Reaktionskette die Aktivität eines Enzyms in der Kette beeinflußt, so kann dies zu einer Veränderung der Durchsatzgeschwindigkeit der Substrate durch die gesamte Kette führen. Auch hier haben wir ein sich selbst regulierendes System vor uns. Diese Rückkopplung kann entweder positiv oder negativ sein, je nachdem, ob ein bestimmtes Enzym dadurch aktiviert oder gehemmt wird. Dieses Phänomen ist für die Regulation des Zellstoffwechsels sehr bedeutungsvoll. Es kommt sowohl bei synthetisierenden als auch bei abbauenden Reaktionsketten vor. Beispiele einer negativen Rückkopplung sind: Hemmung der L-Threonin-Desaminase in E. coli und Hefe durch L-Isoleucin (s. S. **154** ff., Teil IV) und Hemmung der Pyrimidin-Biosynthese auf der Stufe der Umwandlung der Orotsäure zum Uridinmonophosphat durch UDP. Beispiele einer positiven Rückkopplung sind: Aktivierung von Pepsinogen und Trypsinogen durch Pepsin und Trypsin (Autokatalyse) und die Aktivierung der Phosphofructokinase durch ihre Reaktionsprodukte Fructose-1,6-diphosphat und ADP.

4.2. Ebenen der Regulation

Man unterscheidet drei verschiedene Ebenen der Regulation, die durch jeweils eigene und spezifische Gesetzmäßigkeiten, vor allem im Hinblick auf den Zeitbedarf der in ihnen ablaufenden Reaktionen ausgezeichnet sind:

1. Metabolisches Regulationssystem,
2. Epigenetisches Regulationssystem,
3. Genetisches Regulationssystem.

Nachstehend sollen die charakteristischen Eigentümlichkeiten der verschiedenen Systeme besprochen werden.

4.2.1. Metabolisches Regulationssystem

Man versteht darunter die Regulationsphänomene, die innerhalb einer Zelle bei konstantem Enzymbestand wirksam sind. In diesem System sind die Wechselwirkungen zwischen Enzymen und Substraten bzw. Effektoren (Inhibitoren und Aktivatoren) enthalten, sowie conformationsbedingte Änderungen der Enzymaktivität bei Bindung von positiven oder negativen Effektoren nach dem Modell der allosterischen Proteine (z. B. entsprechend dem Prinzip der feedback-Kontrolle (s. S. 46, Teil II)). Im metabolischen System sind die Prozesse der Diffusion, die Wechselwirkungen zwischen Substraten resp. Effektoren mit ihren Enzymen, die enzymatischen Umwandlungen der Metabolite, sowie die Conformationsänderungen der Enzyme, die zu Änderungen ihrer katalytischen Wirksamkeit führen, geschwindigkeitsbestimmend. Der Zeitbedarf solcher Prozesse liegt zwischen 10^{-8} bis etwa 10^2 sec. Die Relaxationszeit eines metabolischen Systems, etwa der Glykolyse, liegt bei 10^1 bis 10^2 sec (unter der Relaxationszeit eines Systems wird die Zeit verstanden, die ein System braucht, um in einen neuen Stationärzustand nach Einwirkung einer kleinen Störung zu kommen).

4.2.2. Epigenetisches Regulationssystem

Das epigenetische System ist im wesentlichen durch den Stoffwechsel der biologischen Makromoleküle, Nucleinsäuren und Proteine, also durch deren Synthese und Abbau charakterisiert. Die Prozesse der Induktion und Repression gehören zum epigenetischen Regulationssystem. Der Zeitbedarf für die Synthese eines Eiweißmoleküls beträgt bei Bakterien etwa fünf Sekunden, einige Minuten dagegen bei höheren Organismen. In

Bakterien wird ein RNS-Molekül etwa in einer Sekunde in höheren Organismen etwa in einer Minute synthetisiert.

Die Verzögerungsphase (Lag-Phase), für die Induktion des Lactosesystems bei *E. coli* ist drei bis vier Minuten lang. Auch hier ist bei höheren Organismen die Verzögerung wesentlich länger: Erst zwei Stunden nach Injektion des Induktors Tryptophan beginnt in der Rattenleber die *de novo*-Synthese des induzierten Enzyms Tryptophan-Pyrrolase. Aus diesen Darlegungen folgt, daß in einem epigenetischen Regulationssystem die Relaxationszeiten zwischen 10^2 bis 10^4 Sekunden liegen. Es erscheint jedoch möglich und ist außerdem zweckmäßig, die epigenetische Regulationsebene auch auf solche Prozesse bei höheren Organismen auszudehnen, die sich im Verlauf ihres Lebens, entweder am ganzen Organismus oder an einzelnen seiner Teile, vollziehen. Gemeint sind damit die Prozesse der Ontogenese, des Wachstums, der Differenzierung und des Alterns. Diese Prozesse sind durch spezifische Änderungen in der Protein- und Nucleinsynthese auf Organ- und Gewebsebene charakterisiert. Sie sind gesetzmäßige Vorgänge und hängen von einem fein regulierten Wechselspiel von endogenen und exogenen Induktoren und Repressoren ab. Der Zeitbedarf solcher Prozesse liegt in einem Bereich von etwa 10^1 Tag bis 10^2 Jahren.

4.2.3. Genetisches Regulationssystem

Das genetische System ist innerhalb weiter Zeitgrenzen als konstant zu betrachten. Der Zeitbedarf für Änderungen in diesem System ist verständlicherweise bei Mikroorganismen kürzer als bei höheren Lebewesen. Man kann für ihn grob die Grenzen von 10^2 Stunden bis 10^4 Jahren angeben. Wenn man die großen Evolutionslinien berücksichtigt, die auf molekularen Änderungen der DNS als genetisches Material beruhen, ist der Zeitbedarf noch größer.

In den folgenden Darlegungen werden wir uns ausschließlich mit den metabolischen und den epigenetischen Regulationssystemen und ihrem Zusammenspiel beschäftigen, die genetische Ebene hingegen außer acht lassen.

4.3. Regulation durch Beeinflussung der Aktivität von Enzymen

Wir betrachten zunächst Enzyme, welche eine normale MICHAELIS-MENTEN-Abhängigkeit zeigen, d. h. deren Kennlinien hyperbelförmig verlaufen. Ein Enzym wird in seiner katalytischen Aktivität von verschiedenen Parametern beeinflußt: pH-Wert, Temperatur, Ionenstärke, Coenzyme bzw. Cofaktoren sowie Substratkonzentration. Außerdem können intrazellulär mehr oder weniger spezifisch Inhibitoren oder auch Aktivatoren wirken und eine Veränderung der Enzymaktivität herbeiführen.

Unter sonst einheitlichen Bedingungen unterliegt die Enzymaktivität einer für die Regulation wichtigen Beeinflussung durch die Substratkonzentration.

$$v = k \cdot [E] \cdot \frac{[S]}{K_M + [S]}.$$

Unterhalb der Substratsättigung hängt die Aktivität des Enzyms bei konstanter Enzymkonzentration von der Substratkonzentration ab. Bei Substratsättigung wird hingegen die Reaktionsgeschwindigkeit unabhängig von der Konzentration des Substrates. Wir haben dann die Beziehung

$$v_{\max} = k \cdot [E],$$

d. h. die Reaktionsgeschwindigkeit hängt dann nur noch von der Enzymkonzentration und der katalytischen Fähigkeit des Enzyms ab, wobei letztere den oben genannten Einflüssen unterliegt. In die Konstante k gehen Temperatur, pH-Wert u. a. ein (näheres Teil II, S. 52).

In den verschiedenen Reaktionsketten des Zwischenstoffwechsels sind beide Bedingungen möglich. In der Glykolyse, im Citronensäurecyclus, in der Fettsäurespirale usw. gibt es sowohl Enzyme, die bei Substratsättigung arbeiten, als auch andere, deren Substratkonzentration unterhalb der Sättigungskonzentration liegt. Die MICHAELIS-Konstanten der meisten Enzyme liegen in einem Bereich von 10^{-2} bis 10^{-4} M; die Konzentrationen der Substrate und Zwischenprodukte des Zellstoffwechsels bewegen sich zwischen 10^{-2} und 10^{-7} M.

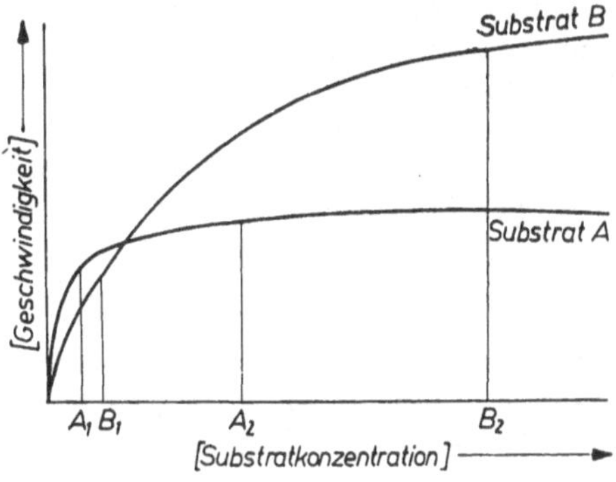

Abb. 34: Konkurrenz zweier Substrate um ein Enzym

Besondere Probleme entstehen, wenn um ein Enzym zwei verschiedene Substrate oder zwei Enzyme um ein und dasselbe Substrat konkurrieren. Im ersten Fall (Abb. 34) werden die relativen Umsatzgeschwindigkeiten der beiden Substrate von ihren Konzentrationen, ihren Affinitäten zum Enzymprotein und den katalytischen Aktivitäten des Enzyms für die beiden Substrate bestimmt. Die Abb. S. 34 zeigt die Substratabhängigkeit eines Enzyms für die Substrate A und B. Es sind daraus die unterschiedlichen Maximalaktivitäten und K_M-Werte für A und B ersichtlich. Obwohl die Konzentration von A_1

geringer als die von B_1 ist, wird A_1 bei gleichzeitiger Anwesenheit von B_1 infolge seiner größeren Affinität zum Enzym und der höheren katalytischen Aktivität des Enzyms bei der Konzentration A_1 gegenüber B_1 bevorzugt umgesetzt. Es tritt dabei gleichzeitig auch eine Hemmung in der Verwertung von B_1 auf. Bei A_2 und B_2 ist es gerade umgekehrt.

Konkurrenzen zweier oder mehrerer Enzyme um ein Substrat treten an Verzweigungsstellen des Stoffwechsels auf, z. B. am Glucose-6-phosphat (Glykolyse, direkter Oxydationssweg, Glykogensynthese, Glucose-6-phosphatase), an der Brenztraubensäure (Lactatdehydrogenase, Atmung) und am Acetyl-CoA (Fettsäuresynthese, Ketonkörperbildung, Citratcyclus). Wir haben es hier mit Regulationsproblemen zu tun, die für die „Substratverteilung" im Stoffwechsel außerordentlich wichtig sind. Diese gegenseitigen Beziehungen können sehr verwickelt und unübersichtlich sein. Nähere Einblicke hat man in die Konkurrenz des Oxydationsweges der Glucose und der Glykolyse um das Glucose-6-phosphat gewonnen, und zwar in Zellen, die über keine Glykogensynthese und keine Glucose-6-phosphatase verfügen (z. B. rote Blutkörperchen). K_M der Phosphoglucose-Isomerase für Glucose-6-phosphat ist $1{,}7 \times 10^{-3}$ M, die der Glucose-6-phosphat-Dehydrogenase für Glucose-6-phosphat ist zwei Zehnerpotenzen niedriger, nämlich $1{,}3 \times 10^{-5}$ M. Bei einer Konzentration S_1 des Glucose-6-phosphates konkurriert der direkte Oxydationsweg sehr wirksam um das Glucose-6-phosphat mit der Isomerase, obwohl die Maximalgeschwindigkeit der Isomerase wesentlich größer als die der Dehydrogenase ist (Abb. 35). Bei höherer Konzentration des Glucose-6-phosphates (S_2) ist dagegen die Fructose-6-phosphat-Bildung gegenüber einer Dehydrierung begünstigt.

Sehr wichtig ist weiterhin, daß die Glucose-6-phosphat-Dehydrogenase ein zweites Substrat braucht, das $NADP^+$. Dieses ist in den meisten Zellen nur in kleiner Konzentration vorhanden und liegt vorwiegend im reduzierten

Zustand vor. Wird nun experimentell $NADPH_2$ oxydiert (z. B. durch Zugabe von Methylenblau zu roten Blutzellen), kommt es zu einer beträchtlichen Steigerung der direkten Oxydation des Glucose-6-phosphates. Dies zeigt, daß sowohl den absoluten Konzentrationen der Coenzyme als auch dem Quotienten Pyridinnucleotide$_{ox.}$/Pyridinnucleotide$_{red.}$ eine regulatorische Funktion im Zellstoffwechsel zukommt. Die Beschreitung mehrerer Stoff-

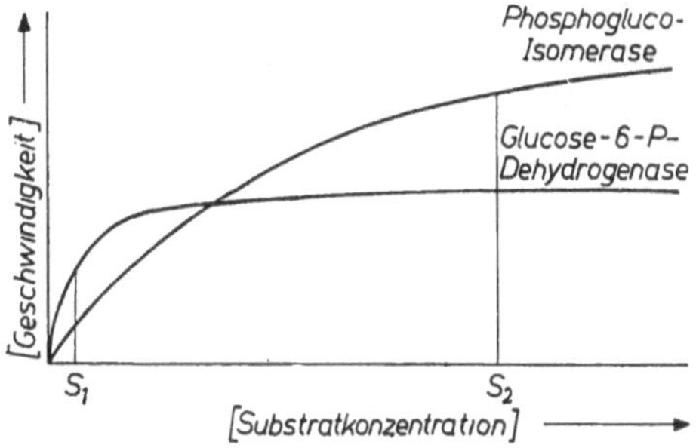

Abb. 35. Konkurrenz zweier Enzyme um ein Substrat

wechselwege in Abhängigkeit von der jeweiligen Substratkonzentration ist auch für Uracil in Leberschnitten gezeigt worden. Bei niedrigen Konzentrationen wird diese Base vollständig zu CO_2 oxydiert, während sie bei höheren Konzentrationen zur Synthese von RNS dient.

Eine besondere Rolle für die Regulation von Enzymaktivitäten spielen die Coenzyme. Wir haben für die Glucose-6-phosphat-Dehydrogenase ein derartiges Beispiel bereits kennengelernt. Ihre Bedeutung wird noch deutlicher, wenn man bedenkt, daß viele von ihnen dissoziabel an die Enzymproteine gebunden sind und daß z. B. die Dehydrogenasen die oxydierten und reduzierten Formen der Pyridinnucleotide mit unterschiedlicher Affinität binden. Diese können demnach Wasserstoff innerhalb einer Reaktionskette von einem Substrat auf ein anderes übertragen (z. B. in der Glykolyse), aber auch als Wasserstoffüberträger zwischen verschiedenen Reaktionsketten fungieren (Kohlenhydratstoffwechsel-Fettsäurestoffwechsel, Citronensäurecyclus-Atmung). Man hat dafür den Ausdruck „Transportmetabolite" gebraucht. Schließlich ist es auch erwiesen, daß der Quotient Pyridinnucleotide$_{ox.}$/Pyridinnucleotide$_{red.}$ auf Grund der chemischen Massenwirkung die Richtung von Dehydrogenase-Reaktionen (Hydrogenierung oder Dehydrogenierung) bestimmt. Eine besondere Rolle spielen Transportmetabolite (Acylcarnitin, Phosphatverbindungen usw.) bei Stoffübertragungen zwischen verschiedenen Zellkompartimenten.

4.4. Regulation von Reaktionsketten

Typisch für den Zwischenstoffwechsel ist die Existenz von Reaktionsketten, in denen eine bestimmte Substanz über eine hintereinandergeschaltete Sequenz von Zwischenstoffen in ein bestimmtes Endprodukt umgewandelt wird. Dieses kann entweder ein Endprodukt des Stoffwechsels überhaupt oder aber Ausgangssubstrat einer neuen Reaktionskette sein. Beispiele hierfür sind die Glykolyse, die Atmungskette, der Citronensäurecyclus, der Ornithincyclus, die Reaktionsfolgen bei der Synthese von Aminosäuren usw. Charakteristisch für eine derartige Kette von Reaktionen ist, daß ein beliebiges Zwischenprodukt mehrere Funktionen gleichzeitig erfüllt: es ist einmal Produkt der vorherliegenden, zum anderen Substrat der anschließenden Reaktion. Durch Rückkopplung (positiv oder negativ) vermag es außerdem eine Kontrolle über seine Bildungsgeschwindigkeit auszuüben, gleichzeitig hat es über die Substratkonzentration-Geschwindigkeits-Beziehung Einfluß auf seine Umwandlung.

Diese aus den Gesetzmäßigkeiten der Einzelreaktionen sich ableitenden Überlegungen werden vielfach überlagert durch zusätzliche Wirkungen der Zwischen- oder Endprodukte von Reaktionsketten auf andere Reaktionen innerhalb der gleichen oder einer anderen Kette. So kann ein Zwischenprodukt einer Kette gleichzeitig Coenzym einer anderen Reaktion sein, es kann auch als Aktivator oder Inhibitor auf entfernt gelegene Stoffwechselreaktionen wirken (allosterischer Einfluß) (s. nächsten Abschnitt). Schließlich können auch mehrere Reaktionsketten bestimmte Zwischenstoffe gemeinsam haben. In diesem Falle würden sie sich in diese teilen, so daß Konkurrenzbeziehungen auftreten.

Betrachten wir eine Reaktionskette, in der ein Ausgangssubstrat S über verschiedene Zwischenstufen x_1, x_2, $x_3, \ldots$, die durch verschiedene Enzyme $E_0, E_1, E_2, \ldots$ katalysiert werden, in das Endprodukt P umgewandelt wird. Die Geschwindigkeitskonstanten sind mit K_0, K_1, $K_2, \ldots$ usw. bezeichnet.

$$S \xrightarrow[K_0]{E_0} x_1 \xrightarrow[K_1]{E_1} x_2 \xrightarrow[K_2]{E_2} x_3 \ldots \rightarrow P .$$

Grundsätzlich gibt es zwei Bedingungen, unter denen die Kette ablaufen kann.

Stationärbedingungen bestehen beim Vorliegen eines Fließgleichgewichtes. Dieses ist dadurch charakterisiert, daß in der Zeiteinheit die verschwundene Menge S gleich der gebildeten Menge P ist; außerdem ist die Konzentration der Zwischenprodukte der Kette unter diesen Bedingungen konstant.

$$-\frac{dS}{dt} = +\frac{dP}{dt} \; ; \quad \frac{dx_1, x_2, x_3 \ldots}{dt} = 0 ,$$

Die Bildungsgeschwindigkeit der einzelnen Zwischenstoffe ist demnach gleich ihrer Umwandlungsgeschwindigkeit.

Bei *Übergangsbedingungen* liegt kein Fließgleichgewicht vor. Die Zwischenstoffkonzentrationen sind nicht konstant. Übergangsbedingungen stellen meist vorübergehende Zustände dar, die bei einem Wechsel der äußeren Bedingungen auftreten. Beispiele hierfür sind Wechsel von Anaerobiose zu Aerobiose und umgekehrt, Umschaltung des Stoffwechsels von einem Substrat auf ein anderes, Zustände der Induktion und Repression. Es können dabei auch oszillierende Veränderungen von Zwischenprodukten des Stoffwechsels eintreten und über geraume Zeit andauern. Genannt seien die gedämpften Schwingungen des $NADH_2$, Fructose-1,6-diphosphates und Glucose-6-phosphates, die in Hefe-Zellen und Zelleextrakten nach Glucosezugabe unter bestimmten Bedingungen auftreten können. Auch in der Zellatmung sind im Oxydations-Reduktionszustand der Komponenten der Atmungskette Übergangszustände beobachtet worden (s. S. 136, Teil II).

Das Studium beider Zustände, *Stationär-* und *Übergangsbedingungen*, erlaubt Einblicke in die Regulation von Enzymketten, die für das grundlegende Verständnis von großer Wichtigkeit sind.

Im Stationärzustand sind, wie oben ausgeführt, die Umwandlungsgeschwindigkeiten der einzelnen Zwischenprodukte der Kette untereinander gleich. Die Konzentrationen der einzelnen Zwischenprodukte sind jedoch unter diesen Bedingungen im allgemeinen sehr verschieden. Sie stehen in Beziehung zu den Geschwindigkeitskonstanten ihrer Bildungs- und Abbaureaktionen: z. B. ist

$$+\frac{dx_3}{dt} = -\frac{dx_2}{dt} = K_2 \cdot x_2 .$$

Die Geschwindigkeitskonstanten K_0, K_1 usw. sind jeweils Funktionen der Zerfallskonstante des Enzym-Substrat-Komplexes k_{+2}, der Gesamtmenge des Enzyms und seiner MICHAELIS-MENTEN-Konstante. Für den allgemeinen Fall schreiben wir:

$$K = \frac{k_{+2} \cdot E}{K_M} .$$

Für den Stationärzustand gilt

$$-\frac{dS}{dt} = \frac{+dx_1}{dt} = \frac{+dx_2}{dt} = \frac{+dx_3}{dt} = \cdots \frac{+dP}{dt}.$$

Daraus folgt

$$K_1 \cdot x_1 = K_2 \cdot x_2.$$

Also verhalten sich

$$x_1 : x_2 = K_2 : K_1.$$

Die Konzentration eines Zwischenproduktes wird demnach durch die Geschwindigkeitskonstanten seiner Bildung und seines Abbaues bestimmt. Eine kleine Zwischenstoffkonzentration wird z. B. bei hoher Verwertungsgeschwindigkeit gefunden und umgekehrt.

Eine besondere Rolle spielt in einer solchen Reaktionskette ihr *geschwindigkeitsbestimmender Schritt*. Dieser stellt die *langsamste* Reaktion innerhalb der Kette dar und erlaubt den anderen Gliedern der Kette lediglich diejenige Durchsatzrate, die diesem selbst nur inne wohnt. Man bezeichnet diesen Schritt als Schrittmacherreaktion (Krebs und Kornberg). Diese liegt vorwiegend am Anfang, kann aber auch in der Mitte oder unter bestimmten Umständen auch am Ende einer Kette liegen. Die Schrittmacherreaktion ist dadurch charakterisiert, daß sie eine veränderliche Geschwindigkeit besitzt. Bei Veränderung ihres Durchflußquerschnittes verändert sich der Substratfluß durch die Kette im Verlauf einer Übergangsperiode. Schließlich wird ein neuer Stationärzustand eingestellt. Dieser entspricht der neuen Durchsatzgeschwindigkeit des Schrittmachers. Die Schrittmacherreaktion hat demnach eine Schlüsselstellung in einer Stoffwechselkette inne. Faktoren, die die Geschwindigkeit des Schrittmachers verändern, haben deshalb einen Einfluß auf den gesamten Kettendurchsatz. Das Enzym, welches die Schrittmacherreaktion katalysiert, weist häufig durch besondere molekulare Mechanismen einen hohen Grad an Anpassung an diese Funktion auf. Diese machen das Schrittmacherenzym zu einer effektiven Kontrolleinheit der betreffenden Stoffwechselkette. Meist gehören die Schrittmacherenzyme in die Gruppe der allosterischen Proteine (s. nächsten Abschnitt). Falls die Konzentration eines Enzymproteins geschwindigkeitsbestimmend ist, steht es häufig unter Substratsättigung. Es arbeitet also unter Maximalaktivität. Veränderung der Substratkonzentration führt in einem weiten Bereich im allgemeinen dann nicht zu einer Veränderung der Reaktionsgeschwindigkeit. Bei zu starker Erniedrigung der Substratkonzentration kann allerdings auch eine Verminderung der Reaktionsgeschwindigkeit eintreten. Erst eine Änderung der Enzymkonzentration, z. B. infolge veränderter Geschwindigkeit der Enzymsynthese (Induktion oder Repression), würde in diesem Fall eine Veränderung der Reaktionsgeschwindigkeit hervorrufen. Dieser Regulationsmechanismus ist durch relativ große Zeitkonstanten gekennzeichnet. Die Schrittmacherreaktion ist jedoch dadurch charakterisiert, daß sie eine veränderliche Geschwindigkeit innerhalb kleiner Zeitintervalle hat. Vorwiegend handelt es sich bei der Schrittmacherreaktion um eine Regulation innerhalb des metabolischen Systems. Änderungen der Enzymkonzentration hingegen gehören zum epigenetischen System. Ein verändertes Substratangebot kann dessen Verwertungsgeschwindigkeit beeinflussen, wenn sich die Konzentrationsänderungen des Substrates in der Nähe der MICHAELIS-Konstanten des Enzyms abspielen. So ist die Blutzuckerkonzentration im normalen Organismus bestimmend für die Glykogensynthese in der Leber. Von ihr hängt die jeweilige Aktivität der Glucokinase ab; Erhöhung des Blutzuckers bewirkt eine Steigerung, Erniedrigung eine Senkung der Aktivität dieses Enzyms. Damit ist die homöostatische Funktion der Leber für den Blutglucosespiegel auf molekularer Ebene erklärbar.

Unter bestimmten Bedingungen vermögen anorganisches Phosphat, ADP, ATP oder die Pyridincoenzyme als Schrittmacher der Atmung oder Gärung zu fungieren. Änderungen in der Konzentration einer oder mehrerer dieser Substanzen verändern dann die Durchsatzgeschwindigkeit dieser Ketten (s. S. 169ff., Teil IV). In verschiedenen Geweben reguliert Glucose-6-phosphat über eine Beeinflussung der Hexokinaseaktivität die Glykolysegeschwindigkeit. Da Glucose-6-Phosphat ein wirksamer Inhibitor der Hexokinase ist. Durch negative Rückkopplung bestimmt es die Geschwindigkeit seiner eigenen Bildung. Der Glucose-6-phosphat-Spiegel seinerseits wird durch die Phosphofructokinaseaktivität, die vom ATP, Fructose-1,6-diphosphat, ADP, AMP, anorganischem Phosphat, aber auch der Citronensäure kontrolliert wird, reguliert (s. S. 170, Teil IV).

Kehren wir zur Problematik der Änderungen der Zwischenstoffkonzentrationen bei veränderter Durchsatzgeschwindigkeit der Kette zurück. Die Gesetzmäßigkeiten, die am Anfang dieses Kapitels abgeleitet wurden, gelten für den allgemeinen Fall, wenn die Glieder einer Kette der MICHAELIS-MENTEN-Gesetzmäßigkeit einer Enzymreaktion gehorchen. Die eingangs abgeleiteten formelmäßigen Beziehungen führen dann zu der Konsequenz, daß in einer solchen Kette bei verändertem, z. B. erniedrigtem Durchsatz oberhalb des Schrittmachers ein Anstau der Metabolite, d. h. eine Erhöhung der Zwischenstoffkonzentrationen und unterhalb des Schrittmachers ein gesteigerter Metabolitabfluß, also eine Erniedrigung der Zwischenstoffkonzentrationen eintreten. Diese Überlegungen werden bildhaft deutlich, wenn man eine derartige Reaktionskette mit einem Wasserstrom vergleicht. Die Geschwindigkeit des Stromflusses (die Menge Wasser, die pro Zeiteinheit durch seinen Querschnitt fließt) hängt von dem Öffnungszustand des Stromwehres, der veränderlich ist, ab. Oberhalb des Wehres besteht ein Wasserstau, unterhalb nur ein schmales Flüßchen. Das Stromwehr hat in diesem Vergleich die Funktion des Schrittmachers.

Im allgemeinen werden diese einfachen Beziehungen jedoch durch zahlreiche komplexe Regulationsmöglichkeiten überlagert, z. B. beim Vorliegen negativer wie positiver Rückkopplungen oder bei Existenz allosterischer Regulationsmechanismen (s. nächsten Abschnitt).

Betrachten wir z. B. die anaerobe und aerobe Glykolyse von Ascitestumorzellen. Aerob liegt in diesen Zellen ein höherer Glucose-6-phosphat-Spiegel als anaerob vor. Jedoch ist die aerobe Glykolyse kleiner als die anaerobe. Glucose-6-phosphat übt, wie bereits oben erwähnt, infolge Produktenhemmung eine negative Rückkopplung und damit eine äußerst wirksame Kontrolle auf die Hexokinase aus. Eine Erniedrigung des Glucose-6-phosphat-Spiegels ermöglicht daher eine Steigerung der Hexokinaseaktivität und dadurch eine Erhöhung des glykolytischen Durchsatzes. Derartige Mechanismen sind am Zustandekommen des PASTEUR-Effektes beteiligt (s. S. 109, Teil IV).

Das Konzept der Regulation des Stoffwechsels durch ein System begrenzender Schritte und Schrittmacher in den verschiedenen Reaktionsketten hat sich als sehr fruchtbar erwiesen. Einige weitere grundsätzliche Überlegungen seien in folgenden Punkten zusammengefaßt.

1. Es kann von Zellart zu Zellart sehr verschieden sein, welcher Schritt und welcher Faktor geschwindigkeitsbestimmend für ein und denselben Stoffwechselweg ist.
2. Selbst bei ein und derselben Zellart können innerhalb einer Kette in Abhängigkeit von den jeweiligen Bedingungen verschiedene Schritte begrenzend werden (fluktuierende Schrittmacher).
3. Zugesetzte Hemmstoffe können bestimmte Schritte zu begrenzenden werden lassen, die es vorher nicht waren.
4. Unter verschiedenen Bedingungen (wechselndes Substratangebot, Aerobiose, Anaerobiose usw.) können mehrere Stoffwechselwege miteinander konkurrieren, wobei neue begrenzende Faktoren entstehen können.

4.5. Allosterische Beeinflussung von Enzymaktivitäten

In den vorangegangenen Abschnitten haben wir die Gesetzmäßigkeiten von Stoffwechselketten und die grundsätzlichen Möglichkeiten ihrer Regulation einschließlich einfacher Formen von Rückkopplungsmechanismen kennengelernt, sowie die Eigentümlichkeiten und Bedeutung von Schrittmacherreaktionen innerhalb einer Stoffwechselkette besprochen. Charakteristisch für alle diese Erörterungen war, daß sich diese Eigenschaften auf die Grundgesetzmäßigkeiten der MICHAELIS-MENTEN-Kinetik von Enzymreaktionen zurückführen lassen (s. S. **19**ff., Teil II). Wie bereits erwähnt, hat sich aber herausgestellt, daß für die Schlüsselreaktionen des Stoffwechsels, also z. B. für die Schrittmacherreaktionen innerhalb einer Stoffwechselkette oder für die Vernetzungsgebiete verschiedener Stoffwechselwege oder für die Verzweigungsstellen Enzyme oder Enzymsysteme verantwortlich sind, die über besondere molekulare Mechanismen einer hocheffektiven Steuerung ihrer katalytischen Aktivität verfügen. Dadurch werden diese Enzyme zu äußerst wirksamen Kontrolleinheiten des Stoffwechsels. Man bezeichnet sie im allgemeinen als allosterische Enzyme (s. S. **46**ff., Teil II). Man versteht darunter solche Enzyme, deren katalytische Aktivität durch Bindung positiver oder negativer Effektoren an bestimmte Stellen des Enzymmoleküls, die topologisch vom aktiven Zentrum verschieden sind, nach dem Prinzip einer Verstärkerwirkung gesteigert oder gedrosselt wird. Diese effektorbindenden Stellen werden allosterische oder regulatorische Zentren bezeichnet. Die „Kennlinie“, d. h. die Substrat-Geschwindigkeits-Kurve verläuft bei allosterischen Enzymen im allgemeinen sigmoidal, also nicht hyperbelförmig wie bei den Enzymen mit einer MICHAELIS-MENTEN-Kinetik. Der sigmoidale Kurvenverlauf kommt durch kooperative Wechselwirkungen zwischen den Substratbindungszentren, die im allgemeinen in der Zahl von zwei bis vier vorkommen, zustande. Ein allosterisches Enzym ist aus mehreren Untereinheiten aufgebaut. Es stellt also ein oligomeres Protein dar. Die kleinste identische Einheit eines oligomeren Proteins ist das Protomer (s. S. 88ff., Teil I).

Die Aktivität eines allosterischen Enzyms kann hocheffektiv dadurch kontrolliert werden, daß die sigmoide Kennlinie bei Besetzung der allosterischen Zentren entweder unter Aufhebung der kooperativen Wechselwirkungen in eine Hyperbel oder unter Verstärkung der kooperativen Wechselwirkungen in eine weniger steile S-Kurve umgewandelt werden kann (s. S. 49, Teil II).

Die in Teil II dargestellten Modelle von MONOD und KOSHLAND spiegeln die kinetischen Charakteristika allosterischer Enzyme wider, obwohl sehr wahrscheinlich ist, daß den einzelnen Enzymen mit allosterischen Eigenschaften jeweils verschiedenartige molekulare Mechanismen — Conformationsänderungen der einzelnen Monomeren bzw. Protomeren bei Erhaltung der oligomeren Proteinstruktur, Dissoziations-Assoziations-Phänomene, kovalente Modifizierung des Enzymproteins usw. — zugrunde liegen.

Ein besonders gut untersuchtes Beispiel eines allosterischen Enzyms ist die Aspartat-Transcarbamylase aus *E. coli*. Sie katalysiert den ersten Schritt in der Biosynthesekette des Pyrimidinringes, nämlich die Bildung von Carbamyl-Aspartat aus Carbamylphosphat und Aspartat. Das Enzym wird auf allosterische Weise sehr spezifisch und hochwirksam durch das mehrere Schritte entfernt gelegene Endprodukt dieser Synthesekette, nämlich das CTP gehemmt (s. S. 215f., Teil III) (Abb. 36). Dadurch erhält die Aspartat-Transcarbamylase Schrittmacherfunktionen: bei einem hohen CTP-Spiegel wird der Reaktionsweg durch Hemmung desjenigen Enzyms gedrosselt, welches seinen ersten Schritt katalysiert; eine Erniedrigung des Endproduktes CTP, etwa infolge gesteigerter Nucleinsäure- oder Lipidsynthese, führt durch Enthemmung des Schrittmacherenzyms zu einer Erweiterung des Querschnittes der Synthesekette und damit zu einer gesteigerten Bildung von CTP. Wir haben es hier mit einem funktionell hervorragend angepaßten und ökonomisch arbeitenden selbstregulierenden System zu tun, dessen Kontrollmechanismus auf den allosterischen Eigenschaften seines Schrittmacherenzyms beruht.

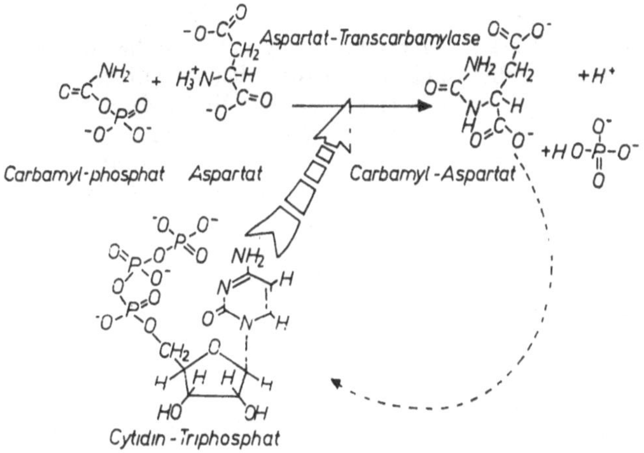

Abb. 36: Pyrimidinsynthese und Hemmung der Aspartat-Transcarbamylase durch CTP bei *E. coli*

Welche molekularen Eigenschaften liegen dieser Wirkungsweise zugrunde? Aspartat-Transcarbamylase ist ein Enzym, dessen Molekulargewicht 310000 beträgt. Es besteht aus zwei verschiedenen Typen von Untereinheiten, von denen der eine Typ ein Molekulargewicht von 100000, der andere von 17000 hat. Das vollständige Molekül des Enzyms enthält zwei Untereinheiten des großen und sechs des kleinen Typs. Jede der beiden großen Untereinheiten besteht aus drei Polypeptidketten von je 33000 Dalton. Von besonderer Bedeutung ist die Tatsache, daß die großen Untereinheiten die Träger der katalytischen Aktivität und unempfindlich gegenüber dem Inhibitor CTP sind, während die kleineren Einheiten enzymatisch inaktiv sind, jedoch CTP zu binden vermögen. Die katalytischen und regulatorischen Zentren des Enzyms sind nach dem Gesagten auf zwei verschiedene Typen von Untereinheiten verteilt. Man bezeichnet die größere von den beiden als katalytische Untereinheit (*C*), die kleinere als regulatorische Untereinheit (*R*). Insgesamt besitzt das Enzym sechs katalytische und sechs regulatorische Bindungszentren; das bedeutet, daß bei den katalytischen Untereinheiten je ein Bindungszentrum pro Polypeptidkette von 33000 Dalton und bei den regulatorischen Untereinheiten je ein CTP-Bindungszentrum pro Polypeptidkette von 17000 existiert. Die Aspartat-Transcarbamylase hat demzufolge die allgemeine Formel C_6R_6[1]). Direkte Bindungsexperimente der Substrate an das Enzymprotein mittels Gleichgewichtsdialyse ergaben, daß deren Bindung an das native Enzym kooperativ und an die isolierte katalytische Untereinheit nichtkooperativ, also hyperbelförmig erfolgt. Die Bindung des negativen Effektors CTP an das native Enzym und an die regulatorische Untereinheit erfolgt nichtkooperativ. Aus der Tatsache, daß kooperative Effekte bei der Substratbindung nur dann auftreten, wenn die katalytischen Untereinheiten in das native Protein als Gesamtheit integriert sind, und daß hierfür nicht die Bindung von CTP die Voraussetzung ist, kann geschlossen werden, daß die allosterischen Wechselwirkungen durch das Proteinmolekül selbst vermittelt werden. Die native Quartärstruktur des Proteinmoleküls ist hierfür die unerläßliche Voraussetzung.

---

[1]) Dem aufmerksamen Leser wird nicht entgangen sein, daß sich diese Werte von den älteren molekularen Angaben über die Aspartat-Transcarbamylase, die in Teil I, S. 89, gemacht wurden, unterscheiden. Wir folgen in diesem Teil den Angaben der neuesten Literatur zu diesem hochinteressanten und in verschiedenen Laboratorien der Welt bearbeiteten Enzym.

Interessant sind die Gesetzmäßigkeiten der Bindung von p-Mercuribenzoat an die Aspartat-Transcarbamylase. Die Reaktion des Enzyms mit diesem Reagens gehorcht dem Alles-oder-Nichts-Gesetz. Das native, nichtdissoziierte Enzym bindet kein p-Mercuribenzoat. Erst nach Eintritt der Dissoziation tritt eine Bindung ein. Ein Titrationsendpunkt wird bei 27 ± 1 p-Mercuribenzoat-Molekülen pro natives Enzymmolekül erreicht. 95% des Reagens werden davon an die regulatorischen Untereinheiten gebunden und nur ein sehr kleiner Anteil an die katalytischen. Die Untersuchung des zeitlichen Verlaufes der Bindung ergab, daß bei Anwesenheit von Substrat eine sechsfache Steigerung der Reaktionsgeschwindigkeit der SH-Gruppen in der regulatorischen Untereinheit des Enzymproteins eintritt. Die Bindung von CTP verlangsamt die SH-Reaktivität. In Abwesenheit der Substrate hat CTP keinen Einfluß auf die Reaktivität der SH-Gruppen. Diese Befunde deuten darauf hin, daß Substrate und Effektoren Conformationsänderungen am Enzymmolekül induzieren. Das wird dadurch unterstrichen, daß das Enzym bei Anwesenheit der Substrate einen um 3,6% niedrigeren Sedimentationskoeffizienten als bei ihrer Abwesenheit hat. Auch hier vermag CTP den Substrateffekt aufzuheben. Diese Versuche erwecken den Eindruck, als ob die Aspartat-Transcarbamylase bei Anwesenheit von Substrat in einer „geschwollenen" und bei seiner Abwesenheit bzw. in Gegenwart von CTP in einer „kompakteren" Form mit niedrigerer Reaktivität ihrer SH-Gruppen vorliegt. Die Pionierarbeiten an diesem Enzym wurden von PARDEE, SCHACHMAN, GERHART, CHANGEUX und WEBER durchgeführt.

Mit der eingehenden Darstellung der Aspartat-Transcarbamylase, die uns eine Einsicht in die Funktionsweise eines allosterischen Enzyms als Stoffwechselkontrolleinheit vermitteln sollte, wollen wir das allgemeine Kapitel über die Stoffwechselregulation abschließen und uns den Gesetzmäßigkeiten der Kontrolle spezieller Stoffwechselwege zuwenden.

4.6. Beispiele der Regulation von Stoffwechselketten

4.6.1. Synthese von Aminosäuren

Die Synthese der Aminosäuren aus anderen Substanzen vollzieht sich in *Syntheseketten*, die vor allem in Mikroorganismen (*E. coli*, Hefe) eingehend untersucht worden sind (s. S. 175, Teil III). In derartigen Reaktionsketten wurden vor allem zwei verschiedene Regulationsmechanismen entdeckt, die eine große allgemeine Bedeutung haben. Der eine Mechanismus ist die *Selbstregulation der Kette* durch negative Rückkopplung, d. h. Hemmung einzelner Enzymaktivitäten (metabolisches Regulationssystem), der andere ist die *Induktion* und *Repression*, d. h. Steigerung und Hemmung der Enzymsynthese (epigenetisches Regulationssystem) (s. S. 121ff., Teil IV). Das Wesen der negativen Rückkopplung besteht darin, daß das Endprodukt der die betreffende Aminosäure synthetisierenden Reaktionsfolge, d. h. die fertige Aminosäure, häufig ein Hemmstoff desjenigen Enzyms ist, welches den ersten Schritt in der Reaktionsfolge katalysiert. Das Prinzip dieser Regulation wurde am Beispiel der Aspartat-Transcarbamylase besprochen. Dadurch wird eine wirksame Kontrolle über den Syntheseweg ausgeübt. Ein Beispiel dieser Art ist die Synthese von Isoleucin aus Threonin über eine Reihe von Zwischenprodukten. Das erste Enzym in dieser Kette, die Threonindesaminase, wird äußerst empfindlich durch Isoleucin gehemmt. Dadurch übt diese Aminosäure eine hochwirksame Kontrolle auf ihre eigene Synthese aus. Dieser Regelmechanismus ist für die Bakterienzelle von großer ökonomischer Bedeutung. Nimmt die Isoleucin-Konzentration infolge gesteigerter Eiweißsynthese ab, wird ihre Hemmwirkung auf die Threonindesaminase geringer. Dies verursacht eine Steigerung der Isoleucinsynthese. Dadurch wird für den notwendigen Nachschub dieser Aminosäure für die Proteinsynthese und für das Wachstum des betreffenden Mikroorganismus gesorgt (UMBARGER).

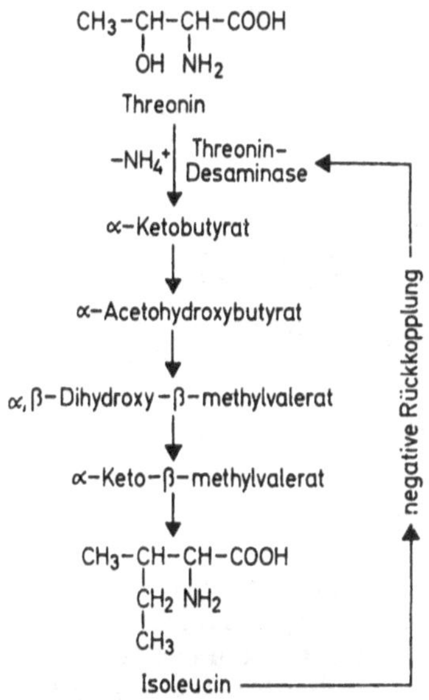

Für Hefe hat HOLZER eine weitere interessante Beziehung in diesem System aufgedeckt: Das bei der Threonin-Desaminase-Reaktion freiwerdende NH_4^+ beeinflußt ebenfalls die Threonin-Desaminase-Reaktion, jedoch auf indirekte Weise. NH_4^+ reprimiert nämlich die Synthese dieses Enzyms, wenn es sich im Kulturmedium anhäuft. Wir haben hier folglich die beiden Möglichkeiten der Beeinflussung einer enzymatischen Reaktion: Rückkopplung und Repression.

Hochinteressant ist die Entdeckung von Bakterienmutanten, die „*rückkopplungsresistente*" Enzyme synthetisieren. Dabei kommt es zu einer Überproduktion des Endproduktes mit seiner anschließenden Exkretion in das Medium.

In neuerer Zeit wurde ein weiteres Regulationsprinzip von Enzymketten entdeckt. Es besteht in einer spezifischen Aufhebung der Rückkopplungshemmung. Im folgenden Schema sind die Synthesewege verschiedener Aminosäuren aufgezeichnet.

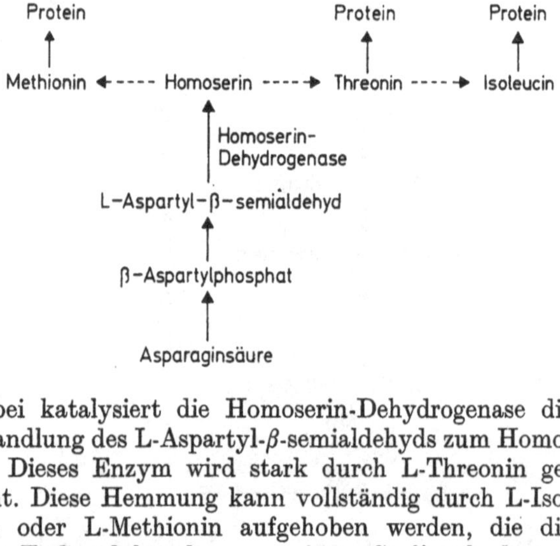

Dabei katalysiert die Homoserin-Dehydrogenase die Umwandlung des L-Aspartyl-β-semialdehyds zum Homoserin. Dieses Enzym wird stark durch L-Threonin gehemmt. Diese Hemmung kann vollständig durch L-Isoleucin oder L-Methionin aufgehoben werden, die die letzten Endprodukte des verzweigten Stoffwechselweges darstellen. Das bedeutet, daß Isoleucin über eine Beseitigung der Rückkopplungshemmung dieses Enzyms durch Threonin die Methionin-Synthese zu kontrollieren vermag. Wie aus dem obigen Formelbild hervorgeht, werden in Bakterien aus der Asparaginsäure folgende Aminosäuren synthetisiert: Threonin, Methionin und Isoleucin sowie Lysin (nicht eingezeichnet). Von besonderem Interesse sind dabei die eben erwähnte Homoserin-Dehydrogenase sowie die Aspartokinase.

Letztere katalysiert die erste Reaktion in der sich später verzweigenden Biosynthesekette:

$$\text{Asparaginsäure} + \text{ATP} \rightarrow \beta\text{-Aspartylphosphat} + \text{ADP}$$

In *E. coli* vom Stamm K 12 wurden drei verschiedene Aspartokinasen gefunden: eine durch Threonin hemmbare Aspartokinase I, eine durch Methionin zwar reprimierbare, durch Methionin selbst jedoch nicht hemmbare Aspartokinase II und eine durch Lysin hemmbare Aspartokinase III. Der gleiche *E. coli*-Stamm besitzt zwei verschiedene Homoserindehydrogenasen: die durch Threonin hemmbare Homoserindehydrogenase I und die durch Methionin reprimierbare, nicht aber durch diese Aminosäure hemmbare Homoserindehydrogenase II. Auffallend ist, daß die Typen I und II der beiden Enzyme jeweils dieselben Inhibitoren beziehungsweise Repressoren haben. Eingehende Untersuchungen haben nun ergeben, daß Aspartokinase I und Homoserindehydrogenase I durch ein und dasselbe Enzymmolekül und Aspartokinase II und Homoserindehydrogenase II ebenfalls durch ein einziges Enzymmolekül, welches sich jedoch vom vorigen unterscheidet, repräsentiert werden. Ein und dasselbe Enzymmolekül katalysiert also jeweils zwei ihrem Wesen nach völlig verschiedene Reaktionen, nämlich eine Phosphatübertragung vom ATP auf Asparaginsäure und eine Wasserstoffübertragung von hydriertem Pyridinnucleotid ($NADPH_2$) auf L-Aspartyl-β-Semialdehyd (Cohen, Truffa-Bachi). Der Aspartokinase I-Homoserindehydrogenase I-Komplex besitzt ein Molekulargewicht von 360000 und ist aus sechs Untereinheiten zu je 60000 Dalton aufgebaut. Das Enzymmolekül bindet in kooperativer Weise sechs Moleküle des Inhibitors L-Threonin. Zwischen den beiden Aktivitäten des Enzymproteins bestehen reziproke Beziehungen: die Substrate der Aspartokinase, Asparaginsäure und ATP, hemmen die Homoserindehydrogenaseaktivität, während Homoserin und NADP Inhibitoren der Aspartokinase sind. Diese Wechselwirkungen machen deutlich, wie fein die Abstimmung zwischen den beiden Enzymaktivitäten in diesem Protein sind und unterstreichen einmal mehr die Bedeutung allosterischer Mechanismen für die Regulation von Stoffwechselketten.

Am Ende dieses Kapitels soll noch die Regulation der Glutaminsynthese etwas näher besprochen werden. Glutamin wird aus Glutaminsäure und NH_3 unter Mitwirkung von ATP synthetisiert. Das hierfür verantwortliche Enzym ist die Glutaminsynthetase.

$$\text{Glutaminsäure} + \text{ATP} + NH_3 \xrightarrow{Mg^{++} \text{ oder } Mn^{++}} \text{Glutamin} + \text{ADP} + \text{Ⓟ}$$

Da die Amidgruppe des Glutamins bevorzugte Stickstoffquelle für die Synthese von Tryptophan, Adenylsäure, Cytidylsäure, Glucosamin-6-phosphat, Histidin und schließlich auch Carbamylphosphat ist, kommt dem Enzym Glutaminsynthetase eine bedeutende zellphysiologische Bedeutung zu. Es ist deshalb nicht verwunderlich, daß die Glutaminsynthetase äußerst wirksamen Kontrollmechanismen unterliegt. Es sind mehrere Mechanismen bekannt geworden, die in *E. coli* eine wichtige Rolle spielen (Holzer, Stadtman):

1. Repression der Enzymsynthese durch höhere Konzentrationen an NH_4^+ und Derepression des Enzyms durch Glutaminsäure oder kleinen NH_4^+-Konzentrationen.

2. Hemmung der Enzymaktivität mittels kumulativer negativer Rückkopplung durch verschiedene Endprodukte des Glutaminstoffwechsels (CTP, AMP, Tryptophan, Histidin usw.).

3. Modulierung der Aktivität durch enzymatische Modifizierung des Glutaminsynthetaseproteins. Dieser Mechanismus sei etwas ausführlicher besprochen. Glutaminsynthetase hat ein Molekulargewicht von 600000; es besteht aus 12, wahrscheinlich identischen, Untereinheiten. Die Enzymaktivität sowie weitere Eigenschaften der Glutaminsynthetase (Kationenspezifität, Hemmbarkeit und pH-Optimum) werden durch eine

enzymatisch katalysierte Modifizierung des Glutaminsynthetaseproteins verändert. Die Modifizierung besteht in einer Adenylylierung je einer Tyrosylgruppe einer Untereinheit. Das voll adenylylierte Enzym enthält demnach 12 kovalent gebundene Adenylsäurereste. Der Adenylsäuredonator ist ATP.

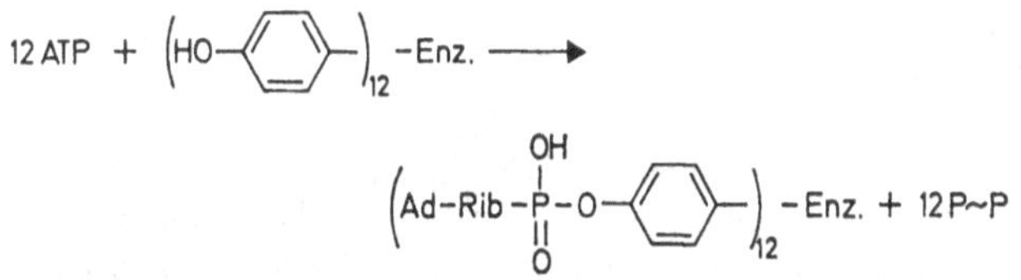

Das adenylylierte Enzym (Form b) besitzt nur etwa 20% der Aktivität des nichtadenylylierten Enzyms (Form a). Das Enzym, welches diese Reaktion katalysiert, ist sehr spezifisch und wird ATP-Glutaminsynthetaseadenylyltransferase bezeichnet. Das adenylylierte Enzym ist im Gegensatz zum nichtadenylylierten hochempfindlich gegenüber Rückkopplungshemmung. Die Adenylylierung ist ein reversibler Vorgang, wahrscheinlich wird dabei ATP zurückgebildet. Dies zeigt, daß die Adenylyl-O-Tyrosylbindung energiereich ist. Jedoch werden Adenylylierung und Deadenylylierung durch Effektoren unterschiedlich beeinflußt. Der erstgenannte Prozeß wird durch Glutamin stimuliert und durch UTP sowie α-Ketoglutarat gehemmt; die Deadenylylierung hingegen wird durch Glutamin gehemmt und durch α-Ketoglutarat sowie UTP aktiviert. Das hat zur Folge, daß bei Stickstoffüberschuß im Kulturmedium (niedriger α-Ketoglutarat/Glutamin-Quotient) die weniger aktive, adenylylierte Form mit hoher Rückkopplungshemmung begünstigt ist, während bei Stickstoffmangel (hoher α-Ketoglutarat/Glutamin-Quotient) die hochaktive nur schwach hemmbare Glutaminsynthetase entsteht, die den unter diesen Bedingungen gesteigerten Bedarf an Glutamin decken soll.

4.6.2. Purinsynthese

Auch die Purinsynthese unterliegt einer Regulation durch Rückkopplung. In EHRLICH-Ascitestumorzellen und in Taubenleber kann die *de novo* Purinsynthese durch Hypoxanthin und Guanin gehemmt werden, während Xanthin und Harnsäure ohne Effekt sind. Die erste Reaktion in der Kette der Purinsynthese wird durch das Enzym Glutamin-phosphoribosyl-pyrophosphatamidotransferase katalysiert (s. S. 211ff, Teil III).

Dieses Enzym wird effektiv durch ATP und ADP und weniger stark durch GMP, GDP und IMP gehemmt. Die Hemmung wird kompetitiv durch Phosphoribosyl-pyrophosphat aufgehoben.

$$\text{Glutamin} + \text{Ⓟ}-\text{Ⓟ}-\text{Ribose}-\text{Ⓟ} + H_2O \xrightarrow{Mg^{++}} \text{Glutamat} + \text{5-Phosphoribosylamin} + \text{Ⓟ}-\text{Ⓟ}$$

4.6.3. Kontrollfaktoren des Citronensäurecyclus

Die biologischen Halbwertszeiten der Zwischensubstrate des Citronensäurecyclus liegen in atmenden Zellen in der Größenordnung von wenigen Sekunden. Normalerweise sind ihre Konzentrationen sehr niedrig. Diese Tatsachen weisen auf die hohen Umsatzgeschwindigkeiten der einzelnen Glieder des Citronensäurecyclus hin.

Wenn in der Leber verstärkt Fettsäuren oxydiert werden, z. B. bei Hunger oder im Diabetes mellitus (s. S. 79ff., Teil III), treten in diesem Organ eine Reihe weiterer Stoffwechselveränderungen ein, die in einer verminderten Geschwindigkeit der Citratsynthese, einer erhöhten Bildung von Acetessigsäure und β-Hydroxybuttersäure, einer verminderten Oxydation von Pyruvat und Isocitrat, sowie in einer erhöhten Geschwindigkeit der Pyruvatcarboxylierung bestehen.

Das kondensierende Enzym (Citratsynthetase), welches die Bildung von Citronensäure aus Acetyl-CoA und Oxalessigsäure katalysiert, steht unter einer wirksamen Kontrolle des ATP und ADP. Diese Verbindungen hemmen das Enzym kompetitiv zu seinen Substraten. Unter den Bedingungen gesteigerter Fettsäureoxydation steigt intramitochondrial der ATP-Spiegel an, was zu einer Drosselung der Aktivität dieses Enzymes führt.

Als weitere Hemmstoffe der Citratsynthetasen fungieren die CoA-Verbindungen der längerkettigen Fettsäuren, welche in der diabetischen Leber in höheren Konzentrationen vorkommen als in der normalen. Es ist auch denkbar, daß das Oxalacetat durch Konzentrationsänderungen eine Kontrolle auf die Citratbildung ausübt, da die Oxalacetatkonzentration in der Leber ($0{,}5 \cdot 10^{-5}$ M) im Regelbereich dieses Enzyms liegt ($K_M = 1 \cdot 10^{-5}$ M). Tatsächlich wurden in der diabetischen Leber gegenüber der normalen erniedrigte Oxalacetatkonzentrationen gefunden, was zu einer Erniedrigung der Citronensäurebildung führt. Ein weiteres wichtiges allosterisches Kontrollenzym des Citronensäurecyclus ist die mitochondriale NAD-spezifische Isocitratdehydrogenase. Auch dieses Enzym wird durch das Adenylsäuresystem der Mitochondrien kontrolliert. Eine hohe Energie-Ladung hemmt, eine niedrige aktiviert dieses Enzym (s. S. **180**, Teil IV).

4.6.4. Regulationsmechanismen im Fettsäurestoffwechsel und der Ketonkörperbildung

Die Fettsäuresynthese geht vom Acetyl-CoA aus und verläuft über eine ATP-abhängige Carboxylierung zum Malonyl-CoA. Dieses reagiert mit Acyl-CoA und liefert unter Verbrauch von $NADPH_2$ eine um zwei C-Atome längere Fettsäure, wobei CO_2 wieder abgegeben wird (s. S. **82** ff., Teil III).

$$n\,\text{Acetyl-CoA} + n\,H_2CO_3 + n\,\text{ATP} \rightleftharpoons n\,\text{Malonyl-CoA} + n\,\text{ADP} + n\,Ⓟ$$

$$CH_3\text{-CO-S-CoA} + n\,\text{Malonyl-CoA} + 2n\,NADPH_2 \rightleftharpoons CH_3(\text{-}CH_2\text{-}CH_2)_n$$
$$\text{-CO-S-CoA} + n\,H_2CO_3 + n\,\text{CoA} + 2n\,NADP^+$$

Die Carboxylierung ist der geschwindigkeitsbestimmende Schritt der Synthesekette. Sie ist ein Schrittmacher im klassischen Sinn, da bei jeder Veränderung ihrer Geschwindigkeit, die Geschwindigkeit der Fettsäuresynthese verändert wird. Citronensäure und Isocitronensäure sind Aktivatoren tierischer Acetyl-CoA-Carboxylase, wodurch vermutlich wichtige Kontrollmechanismen für die Fettsäuresynthese gegeben sind. Die Senkung der Citratsynthetaseaktivität und die damit verbundene Senkung des Citratspiegels in der diabetischen Leber führen über diese Wechselwirkung indirekt zu einer Verminderung der Fettsäuresynthese. Interessant ist ferner, daß die CoA-Derivate der längerkettigen Fettsäuren, nicht aber die freien Fettsäuren selbst, die Carboxylase kompetitiv zum Acetyl-CoA hemmen (LYNEN). Diese negative Rückkopplung ist der Kontrolle der Aminosäuresynthese vergleichbar. Da es in der diabetischen Leber zu einer Anhäufung dieser Acyl-CoA-Verbindungen kommt, wird dadurch ein weiterer Faktor für die Hemmung der Fettsäuresynthese deutlich. Infolge der Hemmung der Carboxylierung des Acetyl-CoA treten andere Acetyl-CoA-verwertende Prozesse in den Vordergrund, so z. B. die Acetessigsäurebildung. Im Zustand des Hungers und des Diabetes mellitus fällt in der Leber infolge gesteigerter Fettsäureoxydation vermehrt Acetyl-CoA an. Dieses Acetyl-CoA hat unter diesen Bedingungen sowohl als Substrat als auch als allosterischer Effektor eine besondere Bedeutung im Stoffwechsel dieses Organs. Wie auf S. 160 ausgeführt ist, ist dem Acetyl-CoA infolge Hemmung der Citratsynthetase der Weg in den Citratcyclus versperrt. Die Carboxylierung des Acetyl-CoA zu Malonyl-CoA ist wie oben ausgeführt infolge Mangel an Citronensäure als allosterischer Aktivator der Acetyl-CoA-Carboxylase und der Hemmwirkung der erhöhten Konzentrationen von Acyl-CoA-Verbindungen ebenfalls unterbunden. Die einzigste, noch verbleibende Abflußreaktion für Acetyl-CoA ist die Synthese von Acetessigsäure. Dieser Weg wird in der diabetischen Leber in großem Umfang beschritten (über den Mechanismus der Acetessigsäurebildung s. S. 79ff., Teil III). Die Erhöhung der Acetessigsäurebildung führt zu einer erhöhten Bildung der β-Hydroxybuttersäure und zu einer Steigerung der Ketonkörper im Blut. Acetessigsäure und β-Hydroxybuttersäure werden in der Peripherie, vor allem in der Muskulatur oxydiert und können auf diese Weise die Kohlenhydrate, die entweder ungenügend vorhanden sind (Hunger) oder nicht normal verwertet werden (Diabetes mellitus) als Energiedonatoren ersetzen.

Neben dieser eben besprochenen Substratfunktion hat Acetyl-CoA eine große Bedeutung als allosterischer Effektor. Im Vordergrund steht dabei seine Wirkung auf die Pyruvatcarboxylase. Dadurch wird, wie im entsprechenden Abschnitt auf S. 167 besprochen, die Gluconeogenese gefördert. Diese Darlegungen unterstreichen erneut die besonderen Beziehungen zwischen Ketogenese und Gluconeogenese. Alle Faktoren, die zu einer gesteigerten Ketonkörperbildung führen (Hunger, Diabetes mellitus, gesteigerte Lipolyse und Fettsäureoxydation nach Zufügung von Glukagon und Adrenalin) begünstigen die Gluconeogenese. Schlüsselfaktoren hierfür sind Acetyl-CoA, die Energie-Ladung sowie der NADH/NAD-Quotient (Abb. 37 und 38).

4.6.5. Kontrolle der Gluconeogenese

Die Gluconeogenese ist nicht einfach die Umkehrung der Glykolyse. Dies folgt daraus, daß die Lage der Gleichgewichte der Hexokinase-, Phosphofruktokinase- und Pyruvatkinase-Reaktionen weit auf der Seite der Produkte G-6-P, FDP und Pyruvat liegen, so daß ihr Ablauf in umgekehrter Richtung unter zellphysiologischen Bedingungen unmöglich ist. Diese Schritte werden bei der Gluconeogenese umgangen, indem Pyruvat zum Phosphoenolpyruvat auf dem Umweg über das Oxalacetat unter der Katalyse der Pyruvatcarboxylase und Phosphoenolpyruvat-Carboxykinase umgewandelt und Fructose-1,6-

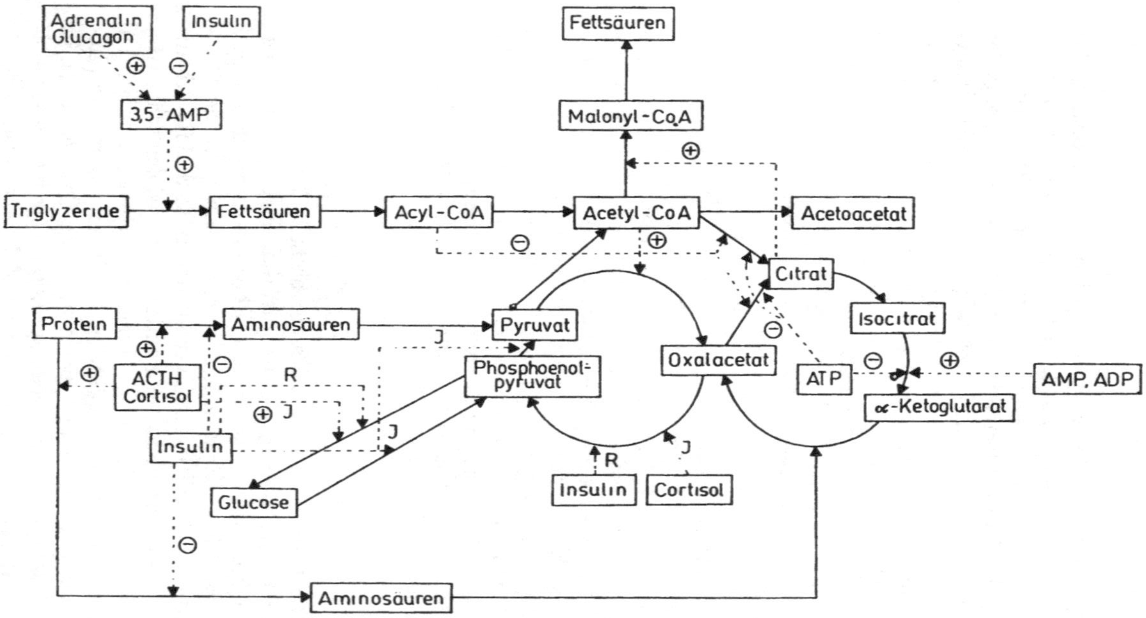

Abb. 37 Beeinflussende Faktoren des Kohlenhydrat-, Eiweiß- und Fettsäurestoffwechsels

Die Zeichen ⊕ und ⊖ geben allosterische Beeinflussungen wieder. R bedeutet Repression, I bedeutet Induktion

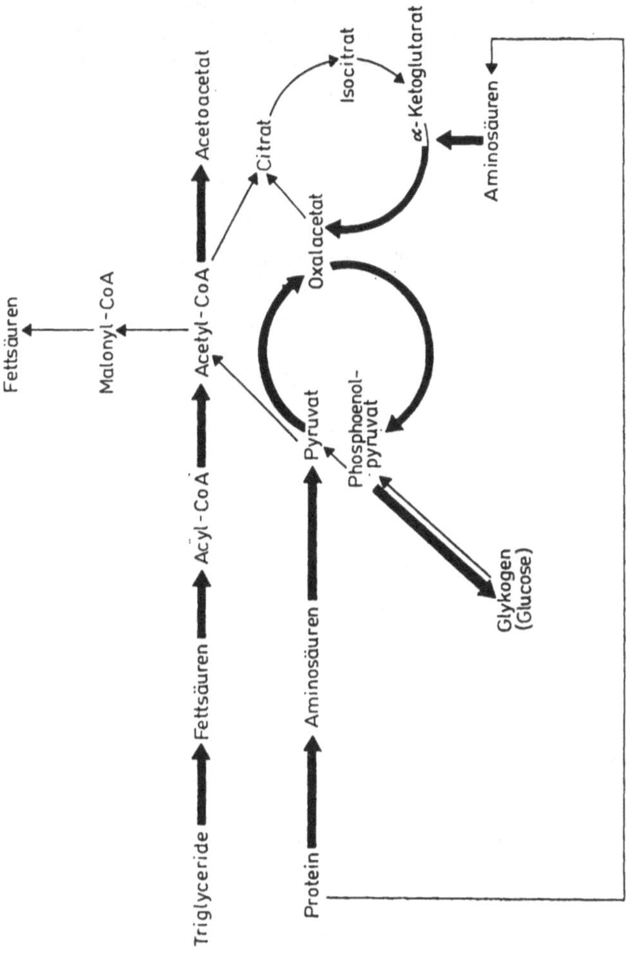

Abb. 38: Fettsäurc-, Kohlenhydrat- und Eiweiß-Stoffwechsel in der diabetischen Leber

diphosphat durch die FDPase zu Fructose-6-phosphat sowie Glucose-6-phosphat durch die G-6-Pase zu Glucose dephosphoryliert werden. Mittels dieser Enzyme und unter Benutzung des übrigen Glykolyseweges werden bestimmte Substanzen, wie Milchsäure, Pyruvat, Aminosäuren in Glucose bzw. Glykogen umgewandelt. Die

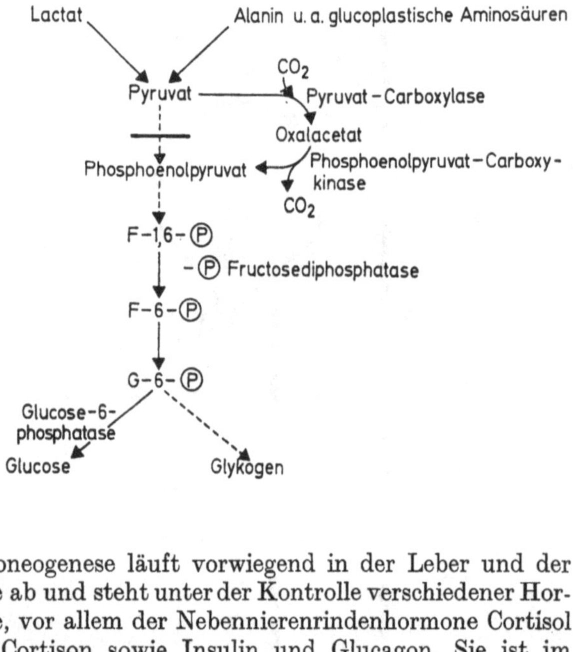

Gluconeogenese läuft vorwiegend in der Leber und der Niere ab und steht unter der Kontrolle verschiedener Hormone, vor allem der Nebennierenrindenhormone Cortisol und Cortison sowie Insulin und Glucagon. Sie ist im Zustand des Diabetes mellitus und im Hunger stark gesteigert.

Die Regulation der *Gluconeogenese* erfolgt auf verschiedenen Ebenen. Es sind dabei sowohl die *Enzymkonzentrationen* infolge Änderungen der *Enzymsynthese* als auch die Enzymaktivitäten infolge *Hemmung* und *Aktivierung* betroffen.

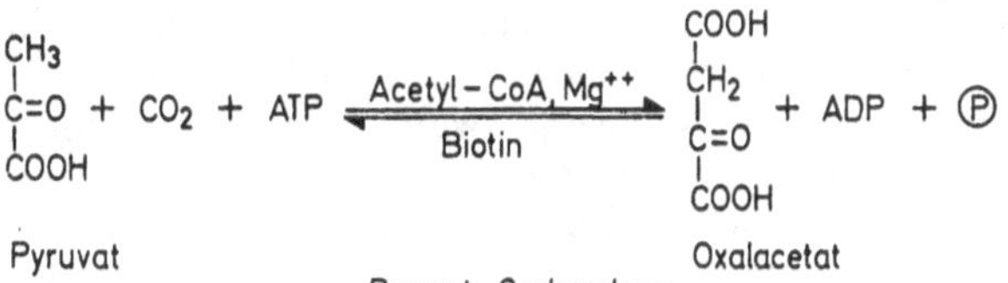

Pyruvat-Carboxylase

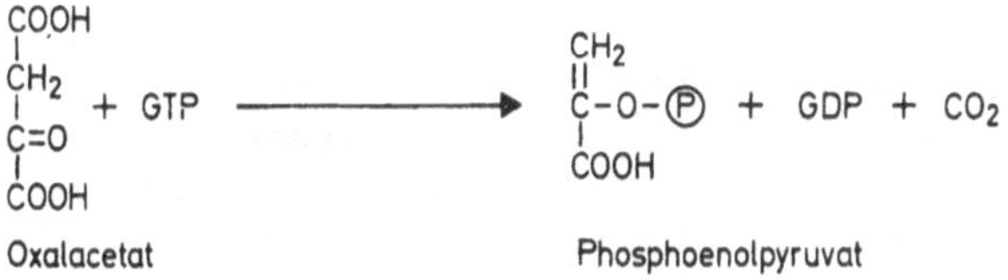

Phosphoenolpyruvat-Carboxykinase

Welche Regulationsmechanismen sind bei der Gluconeogenese wirksam? Verschiedene Arbeiten haben ergeben, daß dieser Prozeß einer „*Grob*"- und einer „*Fein-Kontrolle*" unterliegt. Eine „Grobkontrolle" erfolgt durch Veränderung der Synthesen einiger daran beteiligter Enzyme (epigenetisches Regulationssystem), eine „Feinkontrolle" durch Rückkopplungsmechanismen (metabolisches Regulationssystem). Es ließ sich nachweisen, daß die Synthese von Glucose-6-phosphatase, Fructosediphosphatase, Phosphoenolpyruvat-Carboxykinase und Pyruvatcarboxylase durch die glucocorticoiden Hormone Cortisol und Cortison induktiv gesteigert werden, wobei Insulin als antagonistischer Repressor fungiert. Auch im diabetischen Zustand ist die Synthese dieser Enzyme stark gesteigert, was zu der bereits besprochenen Erhöhung der Gluconeogenese aus Aminosäuren führt. Zufuhr von Insulin normalisiert diese Situation, indem es die Synthese dieser Enzyme unterdrückt.

Die allosterischen Kontrollmechanismen wurden bei der Pyruvatcarboxylase und FDPase eingehend studiert. Die Pyruvatcarboxylase wird durch Acetyl-CoA allosterisch gesteigert. Die in der diabetischen Leber erhöhte

Acetyl-CoA-Konzentration hat demzufolge eine Erhöhung der Pyruvatcarboxylase-Aktivität zur Folge, wodurch die Gluconeogenese begünstigt wird. Fettsäuren vermögen die Gluconeogenese zu steigern, ohne daß ihr C-Skelett in Glucose und Glykogen eingebaut wird. Ursachen dieser Wirkung sind die Steigerung der Pyruvatcarboxylase-Aktivität infolge gesteigerter Bildung von Acetyl-CoA und die infolge ihrer Oxydation eintretende Erhöhung des NADH/NAD-Quotienten, was zur Umkehrung des 3-Phosphoglycerinaldehyd-Dehydrogenase-Schrittes führt. Die unter der Wirkung von Glucagon in der Leber gesteigerte Lipolyse (d. h. gesteigerte Hydrolyse von Triglyceriden) führt zur Erhöhung der freien Fettsäuren in diesem Organ und bewirkt infolge ihrer Oxydation eine erhöhte Gluconeogenese. Da Gluconeogenese und Ketogenese obligat verbundene Prozesse sind, verursacht Glucagon auch eine Steigerung der Ketonkörperbildung. Diese Wirkungen kommen zur glykogenolytischen Wirkung des Glucagons hinzu. Die Vielfältigkeit der Wirkungen des Glucagon haben eine gemeinsame molekulare Basis. Glucagon stimuliert nämlich die Bildung von cyclischem 3,5-AMP aus ATP, indem es die Aktivität der Adenylsäurecyclase steigert. Antagonistisch hierzu wirkt Insulin. Eine dem Glucagon ähnliche Wirkung entfaltet das Adrenalin. Neben der Pyruvatcarboxylase hat die FDPase eine bedeutende Kontrollfunktion im Prozeß der Gluconeogenese. Dieses Enzym wird durch AMP und FDP gehemmt. Von Bedeutung ist, daß die Phosphofruktokinase gerade durch diese Substanzen in ihrer Aktivität stimuliert wird. Daraus folgt die gegenläufige Regulation beider Enzyme: niedrige AMP- und FDP-Konzentrationen fördern die FDPase- und hemmen die Phosphofructokinase-Reaktionen (Steigerung der Gluconeogenese und Hemmung der Glykolyse), während hohe Konzentrationen beider Effektoren den gegenteiligen Effekt haben (Hemmung der Gluconeogenese und Steigerung der Glykolyse). Gegensätzliche Wirkungen hat auch 3,5-AMP auf beide

Enzyme. Lactat, welches als Substrat der Gluconeogenese dient, vermag auf indirekte Weise die Hemmung der FDPase durch AMP zu beseitigen, indem es die Atmung steigert und dadurch die Aufphosphorylierung des AMP zum ATP bewirkt.

4.6.6. Regulation des Glucoseabbaues; PASTEUR-Effekt

In der Glykogenolyse und Glykolyse sind vielfältige Kontrollmechanismen wirksam. Die Regulation des Glykogenauf- und abbaues wurden im Teil III ausführlich besprochen, so daß wir uns in diesem Kapitel auf die Glykolyseregulation beschränken können. Insbesondere sollen uns dabei die Probleme der Regulation des glykolytischen Durchsatzes sowie die Beziehungen zwischen Glucoseabbau und oxydativer Phosphorylierung interessieren. Die Geschwindigkeit der Glykolyse in einer gegebenen Zellart hängt von den Bedingungen ab, unter denen sich die Zellen befinden (Aerobiose, Anaerobiose, Ruhe, Aktivität usw.).

Im Muskel ist der geschwindigkeitsbestimmende Schritt der Glucoseverwertung der Transport dieses Monosaccharids durch die Zellmembran. Bei Erhöhung der Transportgeschwindigkeit (Zugabe von Insulin bei Aktivität oder bei Sauerstoffmangel) kommt es zu einer gesteigerten Verwertung der Glucose. In Leberzellen, Ascitestumorzellen oder menschlichen Erythrocyten ist die Transportgeschwindigkeit so groß, daß sie für die Verwertung der Glucose keine Kontrollfunktion besitzt. Bei gesteigerter Transportgeschwindigkeit der Glucose in der Muskulatur, z. B. nach Zugabe von Insulin, übernehmen Glykolyseenzyme Kontrollfunktionen im Glucoseabbau. Eine besondere Rolle spielt dabei die Begrenzung der Hexokinaseaktivität durch die Glucose-6-phosphat-Konzentration. Wie bereits erwähnt, steht dieses Enzym unter einem negativen „feedback“ durch sein Produkt. Die Frage ist jedoch, welche Faktoren den Glucose-6-phosphat-Spiegel in den Zellen beeinflussen. Von grundlegender Bedeutung ist dabei die Phosphofructokinasereaktion, die in der Phosphorylierung von Fructose-6-phosphat zum Fructose-1,6-diphosphat besteht. Es wurde in verschiedenen Zellarten festgestellt, daß deren Glucose-6-phosphat-Spiegel durch die Aktivität der Phosphofructokinase bestimmt wird. Eine gesteigerte Aktivität dieses Enzyms senkt den Glucose-6-phosphat-Spiegel, bei erniedrigter Aktivität steigt letzterer andererseits an. Auf diese Weise steht die Hexokinasereaktion unter mittelbarer Kontrolle der Phosphofructokinase. Die Phosphofructokinase ist in verschiedenen Zellarten (Gehirn, Herz- und Skelettmuskel, Hefe) ein Enzym mit wichtigen Kontrollfunktionen. Das Enzym ist ein allosterisches Protein, welches mehrere Bindungszentren besitzt. Es wird durch ATP und Citrat gehemmt, jedoch durch AMP, ADP, anorganisches Phosphat, Fructose-6-phosphat, Fructose-1,6-diphsophat (FDP) und Adenosin-3,5-monophosphat aktiviert. Letztgenannte Substanzen vermögen die Hemmung des Enzyms durch ATP aufzuheben. Dies zeigt, daß die Phosphofructokinase vielfältigen metabolischen Einflüssen unterliegt, woraus ihre Kontrollfunktion resultiert (Abb. 39). Allerdings sei festgestellt, daß die Phosphofructokinase verschiedener Zellarten unterschiedliche Empfindlichkeit gegenüber diesen Substanzen aufweist. In Hefe wurden beispielsweise zwei ineinander umwandelbare Phosphofructokinase-Aktivitäten gefunden, die sich in ihrer Empfindlichkeit gegenüber ATP und Citrat unterscheiden. Ein erhöhter FDP-Spiegel vermag eine Steigerung der Enzymaktivität herbeizuführen. In der Tat verhalten sich die FDP- und Glucose-6-phosphat-Spiegel häufig umgekehrt zueinander. Erhöhung des FDP-Spiegels zieht eine Senkung des Glucose-6-phosphat-Spiegels nach sich und umgekehrt. Aus dem Gesagten geht auch hervor, daß Adenosin-3,5-monophosphat über die Phosphofructokinase eine regulatorische Rolle auf die Glykolyse auszuüben vermag. Auch bei der Glykogenolyse spielt diese Substanz eine wichtige Rolle, indem sie eine Kontrollfunktion in der Reaktivierung der

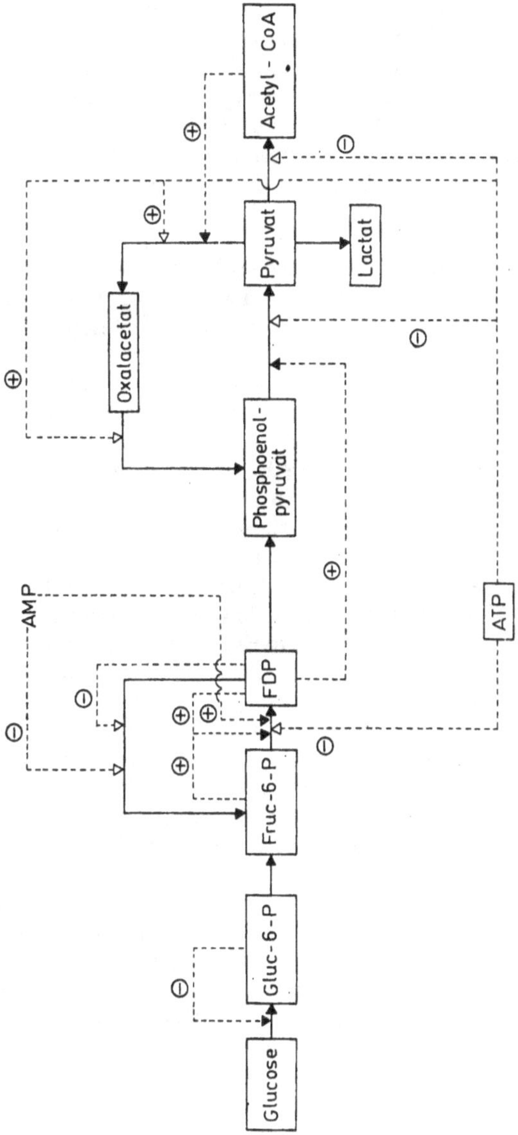

Abb. 39: Übersicht über allosterische Effekte im Glucosestoffwechsel
—— enzymatische Umwandlungen
- - - allosterische Beeinflussungen (⊕: Aktivierung; ⊖: Hemmung)

inaktiven Phosphorylase b in die aktive a-Form hat. Demnach kommt auch dem Enzym, das die Bildung von Adenosin-3,5-monophosphat aus dem ATP katalysiert, also der Adenylat-Cyclase, eine regulatorische Funktion im Kohlenhydratstoffwechsel zu. Dieses Enzym ist in den meisten tierischen Zellen enthalten und ist im zellulären Membransystem lokalisiert. Es wird durch Adrenalin, Noradrenalin und Glucagon aktiviert. In der Nebennierenrinde stimuliert ACTH die Produktion von cyclischem 3,5-AMP. Ein weiteres allosterisches Enzym der Glykolyse ist die Pyruvatkinase. In der Ratte gibt es wenigstens zwei verschiedene Typen dieses Enzyms, den Leber-Typ (L-Typ) und den Muskel-Typ (M-Typ). Die Leber ist das einzigste Organ, in dem beide Typen nebeneinander vorkommen. Den M-Typ findet man außer in der Muskulatur noch in verschiedenen anderen Geweben. Der L-Typ ist von großer regulatorischer Bedeutung. Seine Synthesegeschwindigkeit wird durch die Zusammensetzung der Nahrung (Steigerung der Synthese durch kohlenhydratreiche, Erniedrigung der Synthese durch eiweißreiche Nahrung) sowie durch Insulin kontrolliert. Das letztgenannte Hormon wirkt als Induktor und steigert die Synthese des Typs L. Es sei darauf verwiesen, daß die glykolytisch wirkende L-Pyruvatkinase gerade einer entgegengesetzten Kontrolle als die gluconeogenetisch wirkenden Enzyme, die Pyruvat zum Phosphoenolpyruvat via Oxalacetat umwandeln, unterliegt. Die Pyruvatkinase Typ L zeigt ferner eine sigmoidale Abhängigkeit von der Phosphoenolpyruvat-Konzentration und wird sehr spezifisch und hocheffektiv durch FDP aktiviert. ATP hemmt das Enzym.

In neuerer Zeit ist ein Regulationsmechanismus besonderer Art an einem weiteren Enzymsystem des Kohlenhydratabbaues, dem Pyruvatdehydrogenase-Komplex, nachgewiesen worden. Dieses Enzymsystem katalysiert die CoA- und NAD-abhängige oxydative Decarboxylierung der Brenztraubensäure (s. S. 157, Teil II). Der Pyruvatdehydrogenasekomplex, dessen Molekulargewicht mehrere Millionen beträgt, wird durch Acetyl-CoA und ATP gehemmt. Die Ursache der ATP-Hemmung ist die Phosphorylierung dieses Enzymkomplexes mittels einer Proteinkinase, die ein Bestandteil des Multienzymkomplexes ist. Eine ebenfalls im Pyruvatdehydrogenasekomplex enthaltene Phosphatase vermag unter Dephosphorylierung die volle Dehydrogenaseaktivität wiederherzustellen. Die Phosphorylierung erfolgt esterartig an einem Serinrest der Dehydrogenasekomponente des Multienzymsystems. Die Phosphorylierungsreaktion wird durch Pyruvat und ADP gehemmt. Es ist wahrscheinlich, daß dieser reversiblen Inaktivierung der oxydativen Decarboxylierung des Pyruvates, die in der Leber, Niere und im Herzmuskel vorkommt, eine Bedeutung für die „Pyruvatverteilung" auf die Oxydation und die Gluconeogenese zukommt: Faktoren, die die Gluconeogenese begünstigen, hemmen die Pyruvatdehydrogenaseaktivität und umgekehrt.

Anorganisches Phosphat, ADP, ATP, aber auch NAD^+ und $NADH_2$, können Kontrollfunktionen im glykolytischen Abbau ausüben. Außer ihrer Fähigkeit, als allosterische Effektoren zu wirken, sind sie stöchiometrisch und katalytisch wirkende Reaktionspartner der Glykolyse, die entweder einzeln oder zusammen die Geschwindigkeit der Glykolyse bestimmen können, wenn ihre Konzentrationen begrenzend werden. Dies kann z. B. in aktiv atmenden Zellen eintreten, wenn die Atmung wirksam mit der Glykolyse um diese Substanzen konkurriert (PASTEUR-Effekt). PASTEUR fand, daß Hefezellen unter aeroben Bedingungen weniger Glucose verbrauchen als anaerob. Die Alkoholbildung ist in Übereinstimmung damit bei Abwesenheit von Sauerstoff wesentlich größer als bei seiner Gegenwart. Zwischen Atmung und Gärung bestehen also Wechselbeziehungen, die dazu führen, daß die Gärung durch die Atmung unterdrückt wird. Die „aerobe Gärung" (bei lactatbildenden Zellen „aerobe Glykolyse") ist also kleiner als die „anaerobe Gärung" („anaerobe Glykolyse"). Diese an Hefezellen zuerst beobachtete Erscheinung wurde später auch an anderen pflanzlichen und tierischen Zellen sowie Mikroorganismen nachgewiesen. Sie ist typisch für alle Zellen, die über eine Gärung bzw. Glykolyse und über eine Atmung verfügen und die ihren Energiebedarf aus diesen beiden Stoffwechselwegen decken (Hefe, Ascitestumorzellen, Muskel, Gehirn, *E. coli* usw.). Von WARBURG wurde diese Gesetzmäßigkeit PASTEUR-Effekt genannt. Man unterscheidet den absoluten von dem relativen PASTEUR-Effekt.

Wildwachsende Hefezellen weisen eine sehr niedrige aerobe Gärung mit großem PASTEUR-Effekt auf, während bei Kulturhefen häufig nur ein kleiner Unterschied zwischen aerober und anaerober Alkoholbildung besteht. Sogenannte untergärige Hefen (anaerobe Bierhefen) zeigen einen extrem niedrigen PASTEUR-Effekt. Die aerobe Glykolyse normaler tierischer Zellen ist im allgemeinen sehr niedrig, häufig praktisch null. Die Höhe der anaeroben Glykolyse ist von Zellart zu Zellart verschieden (Tab. 9). Ein wichtiges Charakteristikum der Tumorzellen ist ihre hohe aerobe Glykolyse, die sich unter Anaerobiose noch weiter steigern läßt. Der absolute PASTEUR-Effekt von Tumorzellen ist im allgemeinen groß, häufig größer als der bei normalen Zellen.

WARBURG konnte zeigen, daß nicht Sauerstoff als solcher, sondern die funktionstüchtige Atmung den PASTEUR-Effekt hervorruft. Bei Anwesenheit von Sauerstoff läßt sich nämlich die Gärungs- bzw. Glykolysegröße durch Cyanid, Kohlenmonoxyd und andere Atmungsgifte auf anaerobe Werte heben. Von großer Bedeutung war die Entdeckung, daß Entkoppler der Atmungskettenphosphorylierung (2,4-Dinitrophenol u. a.) den PASTEUR-Effekt aufzuheben in der Lage sind, d. h. die Glykolyse (Gärung) unter aeroben Bedingungen auf anaerobe Werte steigern. Unter diesen Bedingungen ist die Zellatmung nicht nur nicht gehemmt, sondern sogar gesteigert. Diese Befunde weisen darauf hin, daß nicht die Atmung als solche die Glykolyse (Gärung) hemmt,

Tabelle 9:

Stoffwechsel verschiedener Zellen und Gewebe

	Q_{O_2}	$Q^{N_2}_{CO_2(L)}$	$Q^{O_2}_{CO_2(L)}$	abs. P. E.	M. Q.
Wildhefe*	−180	260	18	242	1,35
Bäcker-Hefe*	− 87	274	95	179	2,05
Bierhefe*	− 8	233	213	20	2,50
Gehirn**	− 11	19	2	17	1,55
Chorion**	− 18	33	0	33	1,83
Ascitestumorzellen**	− 7	70	30	40	5,70

* MEYERHOF — ** WARBURG

$$Q_{O_2}: \frac{\text{mm}^3\ O_2\text{-Verbrauch}}{\text{mg Trockengewicht} \times h}$$

$Q^{N_2}_{CO_2(L)}$ und $Q^{O_2}_{CO_2(L)}$ geben die mm³ CO_2- bzw. Lactat-Bildung (Lactatwerte aus manometrischer Bestimmung durch CO_2-Freisetzung in HCO_3-Lösung!) unter anaeroben und aeroben Bedingungen an.

Absoluter PASTEUR-Effekt (abs. P. E.): $Q^{N_2}_{CO_2(L)} - Q^{O_2}_{CO_2(L)}$

MEYERHOF-Quotient (M. Q.): $\dfrac{Q^{N_2}_{CO_2(L)} - Q^{O_2}_{CO_2(L)}}{Q_{O_2}}$

sondern die mit der oxydativen Phosphorylierung gekoppelte Atmung den PASTEUR-Effekt hervorruft.

Es wurde daraus die Schlußfolgerung gezogen, daß der PASTEUR-Effekt intrazelluläre Regulationsmechanismen repräsentiert, die mit dem Energiehaushalt der Zellen zusammenhängen. Da nur 2 Mole ATP pro Mol Glucose im Verlauf der Gärung bzw. Glykolyse entstehen, wird aus energetischen Gründen der höhere Glucoseverbrauch unter anaeroben gegenüber aeroben Bedingungen verständlich.

Die Kenntnis des Mechanismus des PASTEUR-Effektes müßte Einblicke in die Regulationsmechanismen des intermediären Stoffwechsels erlauben. Aus diesem Grunde wurde dieses Phänomen viele Jahre hindurch von verschiedenen Arbeitsgruppen intensiv studiert.

Die ursprüngliche Annahme, der Konkurrenz der Atmung und des Pyruvates um das reduzierte NAD^+ käme eine besondere Bedeutung zu, mußte aus vielen Gründen bald wieder aufgegeben werden. Sie erklärte weder den höheren Glucoseverbrauch unter anaeroben Bedingungen, noch die Hemmung des Pasteur-Effektes durch entkoppelte Reagenzien. Gerade der letztgenannte Befund deutet auf Konkurrenzbeziehungen zwischen Atmung und Gärung hin, die über die Pyridinnucleotide hinausgehen und das ATP-ADP-System sowie das anorganische Phosphat betreffen könnten.

Der Spiegel an anorganischem Phosphat ist in Hefezellen im aeroben Zustand niedriger als im anaeroben. Lynen zog daraus den Schluß, daß das anorganische Phosphat Kontrollfaktor der aeroben Gärung sei. Demnach sollte das Orthophosphat über die phosphatverbrauchende Oxydationsreaktion der Gärung (3-Phosphoglycerinaldehyd-Dehydrogenase) diesen Stoffwechselweg unter aeroben Bedingungen begrenzen. Nach dieser Theorie würde die Atmung infolge ihres hohen Phosphatverbrauches das Phosphat der Glykolyse entziehen und dadurch eine indirekte Kontrollfunktion auf diesen Stoffwechselweg ausüben. Die Atmung weist bei etwa $1 \cdot 10^{-3}$ M Orthophosphat halbmaximale Geschwindigkeit auf, während die Michaelis-Konstante der Glycerinaldehyd-3-phosphat-Dehydrogenase für anorganisches Phosphat $8 \cdot 10^{-3}$ M beträgt. Man erkannte bald, daß das Orthophosphat nicht allein Kontrollfunktionen haben kann. Es ist erwiesen, daß Phosphat „passiv" Konzentrationsänderungen erleidet und dadurch Kontrollfunktionen entstehen können. Auch eine Begrenzung der Gärung durch ADP wurde diskutiert. Obwohl es Befunde gibt, die für einen solchen Kontrollmechanismus sprechen, stehen endgültige Beweise hierfür an intakten Zellen ebenfalls noch aus.

Bei Begrenzung der Gärung durch Orthophosphat hätte man erwarten können, daß aerob eine Art „Harden-

YOUNG-Effekt" eintritt, also eine Anhäufung von Fructose-1,6-diphosphat (FDP) eintreten müßte. Tatsächlich ist jedoch das Gegenteil zu beobachten. In vielen Zellen ist aerob der stationäre FDP-Spiegel niedriger als anaerob.

Man versuchte, den niedrigen Glucoseverbrauch unter Aerobiose zu erklären, indem man annahm, daß das ATP „kompartimentiert" sei und unter diesen Bedingungen vorwiegend an den Orten seiner Bildung, nämlich in den Mitochondrien, lokalisiert wäre. Nach dieser Theorie sollte das ATP nur langsam aus den Mitochondrien in den cytoplasmatischen Raum übertreten und folglich dem Enzym Hexokinase nicht zur Verfügung stehen können. Diese „Kompartimentierung" des ATP würde eine verminderte Phosphorylierung der Glucose im aeroben Zustand bedingen. Gegen diese für Hefe und Ascitestumorzellen postulierte Kompartimentierung des ATP, deren wesentliches Element eine verminderte Durchlässigkeit der Mitochondrienmembran für ATP ist, sprechen jedoch eine Reihe von Tatsachen, wodurch diese Theorie an Wahrscheinlichkeit verliert. Experimentelle Befunde deuten nämlich darauf hin, daß mitochondrial gebildetes ATP der im Cytoplasma lokalisierten Hexokinase uneingeschränkt zur Verfügung steht, so daß der aerob verminderte Glucoseverbrauch nicht über eine Kompartimentierung des ATP erklärt werden kann. Es gibt auch keine Anhaltspunkte dafür, daß das mitochondriale ATP etwa der Phosphofructokinase-Reaktion in nicht ausreichendem Maße zur Verfügung steht.

Obwohl eine Konkurrenz der Atmung und Gärung (Glykolyse) um das anorganische Phosphat und das ADP als Phosphatacceptor zu existieren scheint und daraus auch Regulations- und Kontrollmechanismen entstehen können, ist damit jedoch der PASTEUR-Effekt nicht befriedigend zu erklären.

Allem Anschein nach sind zusätzlich weitere Kontrollvorgänge am Zustandekommen dieses Phänomens beteiligt. Insbesondere sind in neuerer Zeit allosterische

Einflüsse mit Regeleffekten auf verschiedene Glykolyseenzyme, insbesondere auf die Phosphofructokinase, diskutiert worden; diese Effekte wurden auf S. 170 ausführlich besprochen.

4.6.7. CRABTREE-*Effekt*

Der Kohlenhydrat- und Atmungsstoffwechsel der Tumoren ist durch zwei wichtige Phänomene gekennzeichnet: a) durch eine hohe aerobe Glykolyse und b) durch eine Hemmung der Atmung nach Zugabe von Glucose.

Die Tumorzellen besitzen, wie andere Zellen auch, einen PASTEUR-Effekt. Die Atmung vermag aber nicht vollständig, wie in den meisten nichtgeschädigten normalen tierischen Zellen, die Lactatbildung zu unterdrücken.

Die Hemmung der stationären Atmung nach Glucosezugabe zu Tumorzellen wird als CRABTREE-Effekt bezeichnet. (Ein wenig glücklicher Name ist „umgekehrter PASTEUR-Effekt".) Er wurde vor allem an isolierten Ascitestumorzellen näher studiert. Hier beträgt die Atmungshemmung etwa 50%. Auch normale Zellen scheinen, wenn auch in geringem Ausmaß, einen CRABTREE-Effekt zu besitzen, so wird die Atmung des Nierenmarkes sowie die der Retina zu etwa 20% und die von Reticulocyten zu etwa 12% durch Glucose gehemmt.

Entkoppler der Atmungskettenphosphorylierung haben die Fähigkeit, den CRABTREE-Effekt zu beseitigen. Dies deutet auf eine enge energetische Kopplung zwischen Atmung und Glykolyse in den Krebszellen hin. Hierdurch werden auch gewisse Ähnlichkeiten im Mechanismus des PASTEUR- und CRABTREE-Effektes deutlich. Die energetische Kopplung der Atmung und Glykolyse ist in Ascitestumorzellen so groß, daß bei Anwesenheit von Glucose das Defizit in der ATP-Synthese infolge der Atmungshemmung quantitativ durch die aerobe Glykolyse ausgeglichen wird. Diese strenge energetische Kopplung liegt auch unter aeroben und anaeroben Bedingungen bei

Gegenwart von Glucose vor. Dies zeigen Versuche, in denen nachgewiesen wurde, daß die ATP-Bildung in Asciteszellen unter Anaerobiose genau so groß wie unter Aerobiose ist (QUASTEL und BIKIS). Hefezellen dagegen zeigen trotz des PASTEUR-Effektes anaerob eine geringere ATP-Synthese als aerob. Für das Zustandekommen des CRABTREE-Effektes müssen verschiedene Tatsachen Beachtung finden: 1. Die Oxydation der endogenen Substrate (Aminosäuren, Fettsäuren) der Zellen wird zugunsten der Glucoseoxydation zurückgedrängt. 2. Unmittelbar nach Glucosezugabe kommt es innerhalb eines Übergangsstadiums zu einer vorübergehenden Atmungssteigerung. 3. Eine Atmungshemmung wird auch durch 2-Desoxy-D-glucose hervorgerufen, die nur phosphoryliert, nicht aber weiter im Verlauf der Glykolysekette umgesetzt wird. Nicht phosphorylierbare Zucker verursachen keine Atmungshemmung.

CHANCE und HESS schreiben dem ADP als Phosphatacceptor eine begrenzende Rolle für die Atmung von Asciteszellen bei Anwesenheit von Glucose zu. Infolge der hohen aeroben Glykolyse der Asciteszellen (und der hohen Aktivität ADP-verbrauchender Enzym-Reaktionen in dieser Kette) kommt es zu einer wirksamen Konkurrenz der Glykolyse mit der Atmung um das ADP, wobei dies dem Atmungssystem teilweise entzogen wird. Bei strenger Kopplung von Atmung und Phosphorylierung führt dies zu einer Verminderung des Elektronendurchsatzes, d. h. zu einer Erniedrigung der Atmung.

Die vorübergehende Atmungssteigerung nach Zugabe von Glucose wird durch eine intermediär auftretende ADP-Erhöhung erklärt, die die unmittelbare Folge der Glucosephosphorylierung ist. Anorganisches Phosphat ist wahrscheinlich von untergeordneter Bedeutung für die Atmungskontrolle.

Jedoch ist die Erklärung des CRABTREE-Effektes mit Hilfe des ADP noch nicht voll befriedigend. So ist z. B. kaum ein Unterschied im ADP-Gehalt von Asciteszellen ohne und mit Glucose unter aeroben Bedingungen im stationären Zustand nachweisbar. Auch könnten bei einer Umschaltung von einem oxydierbaren Substrat auf ein anderes Veränderungen in der Atmungsgröße eintreten, die auf andere Ursachen zurückgehen.

4.7. Die Bedeutung des Adenylsäuresystems für die Regulation des Stoffwechsels

Auf S. **133** haben wir über den Regelkreis gesprochen, der zur Aufrechterhaltung des ATP-Spiegels in einer Zelle dient. Alle bisherigen Erörterungen haben die überragende Bedeutung des ATP als universelle „Währung" des Zellstoffwechsels deutlich gemacht. Es wird durch die energiebereitstellenden Reaktionen des Zellstoffwechsels (Atmung, Glykolyse) nach folgender generellen Gleichung gebildet

$$ADP + Ⓟ \rightleftharpoons ATP + H_2O$$

und in energieverbrauchenden Prozessen in Form einer Umkehrung dieser Reaktion wieder gespalten (die Tatsache, daß ATP bei seinem Verbrauch in Stoffwechselreaktionen, beispielsweise bei biosynthetischen Prozessen, nicht hydrolysiert wird, bleibt bei den hier angestellten Überlegungen unberücksichtigt). Die in den meisten Zellen hohe Aktivität der Adenylatkinase führt nun dazu, daß das gesamte Adenylsäuresystem AMP, ADP und ATP infolge der Möglichkeit eines sich rasch einstellenden Gleichgewichtes zwischen seinen Komponenten als eine Einheit betrachtet werden muß.

$$ATP + AMP \rightleftharpoons 2\ ADP$$

Über die Adenylatkinase-Reaktion stehen die Bestandteile des Adenylsäure-Systems in einem metabolischen Gleichgewicht. Eine weitere Tatsache von fundamentaler Bedeutung ist die, daß eine Reihe wichtiger regulatorisch wirkender Enzyme von den einzelnen Komponenten des Adenylsäuresystems, vor allem durch AMP und ATP gegensinnig beeinflußt werden. So ist der Spiegel an AMP dafür entscheidend, ob die Glykolyse oder die Glukoneogenese vorherrscht, da bei niedrigem AMP-Spiegel die FDPase aktiv und die Phosphofruktokinase inaktiv ist und bei hohem AMP-Spiegel gerade die umgekehrten Verhältnisse vorliegen. Auch an einem bestimmten Enzym können AMP, ADP oder ATP entgegengesetzte Wirkungen entfalten. So werden die Phosphofruktokinase oder die Isocitrat-Dehydrogenase durch AMP resp. ADP in ihrer Aktivität gesteigert, durch ATP jedoch gehemmt.

Diese Überlegungen führten zur Entwicklung des Konzeptes der „Energie-Ladung" des Adenylsäuresystems mit dem die Stoffwechselfunktionen dieses Systems besser erfaßt werden können als die isolierte Betrachtung nur einer seiner Komponenten. Unter „Energie-Ladung" (engl. „energy-charge") versteht man nach ATKINSON die Hälfte der pro Adeninanteil vorhandenen energiereichen Phosphorsäureanhydridbindungen:

$$\text{Energie-Ladung} = \frac{[\text{ATP}] + 0{,}5[\text{ADP}]}{[\text{ATP}] + [\text{ADP}] + [\text{AMP}]}$$

Liegt das gesamte Adenylsäuresystem „entladen" als AMP vor, ist die Energie-Ladung 0, während sie bei vollständiger Aufladung (100% ATP) den Wert 1 besitzt (wenn die Berechnungsbasis nicht die Hälfte der energiereichen Bindung, sondern ihre wirkliche Zahl wäre, würde sie bei 100% Aufladung den Wert 2 haben).

Die Energie-Ladung des Adenylsäuresystems ist eine Funktion der Konzentration seiner Komponenten ähnlich wie die Ladungskapazität eines Bleiakkumulators, ausgedrückt durch das Integral Stromstärke x Zeit, eine Funktion der relativen Mengen der verschiedenen Oxydationszustände des Bleies ist. Die Zellenspannung eines Bleiakkumulators hingegen wäre der freien Energie der Hydrolyse der Pyrophosphatbindungen in ATP und ADP vergleichbar. Die verschiedenen Enzyme reagieren auf Veränderungen der Energieladung nach prinzipiell zwei Möglichkeiten, je nachdem ob sie an der ATP-Regeneration oder dem ATP-Verbrauch mitwirken. Diese verschiedenen Reaktionsweisen sind in Abb. 40 wiedergegeben. Im oberen Teil (A) sind die prozentualen Anteile von AMP, ADP und ATP bei verschiedenen Werten der Energie-Ladung angegeben. Der untere Teil (B) der Abb. 40 gibt die Reaktionsgeschwindigkeit von Kontrollenzymen der ATP-Regenerationsketten (R) und von ATP-verbrauchenden Reaktionsketten in Abhängigkeit von der Energie-Ladung wieder (V). Enzyme, wie Phosphofruktokinase, Pyruvatdehydrogenase, Citratsynthetase und Isocitratdehydrogenase entsprechen in ihrer Antwort auf Veränderungen der Energieladung der Kurve R. Aspartokinase, Phosphoribosyl-Pyrophosphat-Synthetase u. a. hingegen verhalten sich wie durch die Kurve V angegeben. Im Schnittpunkt der beiden Kurven existiert ein Gleichgewicht zwischen ATP-regenerierenden und ATP-verbrauchenden Prozessen. Eine Erniedrigung der Energie-Ladung hat einen Anstieg der energieliefernden und einen Abfall der energieverbrauchenden Prozesse zur Folge. Eine Erhöhung der Energie-Ladung des Adenylsäuresystems hat die entgegengesetzten Effekte. Diese Erläuterungen verdeutlichen die hohe Ausgewogenheit des Systems der Energiebereitstellung und des Energieverbrauchs im Zellstoffwechsel.

Eine besondere Besprechung erfordert die Regulation solcher Stoffwechselwege, die sowohl der ATP-Regeneration als auch der Bereitstellung solcher Metaboliten dienen, die für Biosyntheseprozesse verbraucht werden. Diese Stoffwechselwege werden als *amphibolische Reaktionsketten* bezeichnet. Die Glykolyse beispielsweise ist ein solcher amphibolischer Weg. Würde diese nur durch die Energie-Ladung auf den Stufen der Phosphofruktokinase, Pyruvatkinase oder Hexokinase kontrolliert werden, würde dies zur Folge haben, daß die Bildung biosynthetisch zu verwertender Metabolite wie Pyruvat, Acetyl-CoA, Oxalacetat, -Ketoglutarat usw. allein von dieser Größe abhinge. Bei hoher Energie-Ladung würde

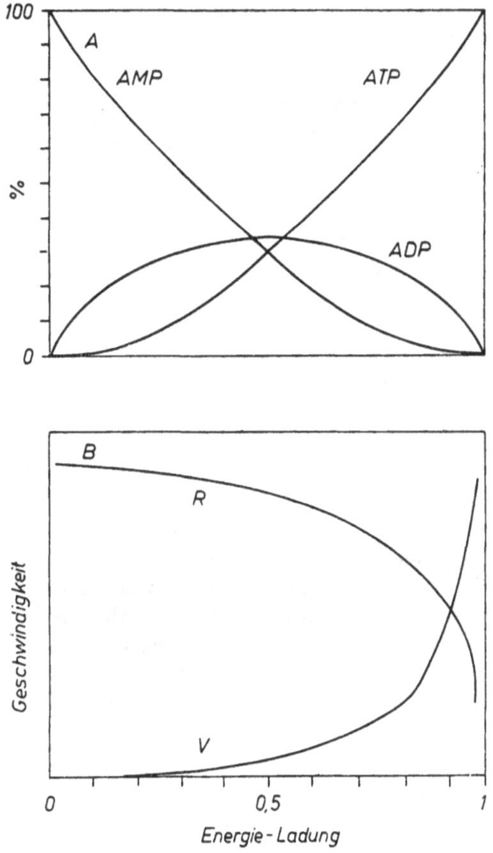

Abb. 40: Energieladung des Adenylsäuresystems

A = prozentuale Anteile von AMP, ADP und ATP in Abhängigkeit von der Energieladung

B = Reaktionsgeschwindigkeit von Kontrollenzymen der ATP-Regeneration (R) und des ATP-Verbrauchs (V) in Abhängigkeit von der Energie-Ladung demzufolge die Bildungsgeschwindigkeit niedrig sein. In solchen Fällen wurde jedoch beobachtet, daß zusätzliche Rückkopplungsmechanismen existieren. So ist Citrat ein negativer Effektor für die Phosphofruktokinase und Acetyl-CoA ein solcher für die Pyruvatdehydrogenase. Es wurde beobachtet, daß solche Endprodukt-Inhibitoren nahezu unwirksam bei niedriger Energie-Ladung sind, ihre hemmenden Wirkungen jedoch bei hohen Werten der Energie-Ladung beträchtlich ansteigen. Teilweise treten sogar Verstärkungseffekte zwischen dem ATP und dem Endprodukt-Inhibitor ein.

Schlußbemerkungen

In den vier Bänden „Dynamische Biochemie" wurde versucht, eine Darstellung der wichtigsten Aspekte des Stoffwechsels zu geben und Einblicke in seine Regelungs- und Kontrollmechanismen zu vermitteln. Der Verfasser hofft, daß es ihm gelungen ist, dem Leser die Ergebnisse und Probleme der Biochemie und die großen Fortschritte dieser Wissenschaft nahe gebracht zu haben, die in den verschiedensten Laboratorien der ganzen Welt mit beispiellosem Tempo erbracht worden sind. Umfang und Zweck dieser Einführung machten selbstverständlich eine Begrenzung und Auswahl des Stoffes notwendig. In diesen vier Teilen sind die sogenannte funktionelle Biochemie des Menschen, also die spezielle Biochemie einzelner Organe, sowie der Wasser- und Elektrolythaushalt, die Darstellung des Gesamtstoffwechsels des Menschen und die Ernährungslehre nicht enthalten. Die Kentnnis dieser für ihre Ausbildung wichtigen Kapitel mögen die Medizinstudenten aus den bewährten Lehrbüchern der Medizinischen Biochemie oder Physiologischen Chemie beziehen.

Gegenwärtig konzentriert sich das Interesse der Biochemie und Molekularbiologie auf die molekulare Struktur, die Funktionsweise und das Zusammenwirken der biologischen Makromoleküle, den Aufbau und die biochemische Dynamik biologischer Membranen, die molekularen Grundlagen der integrativen Tätigkeit des Zentralnervensystems und die biologische Dynamik von Organen und Organsystemen vor allem im Hinblick auf Ontogenese, Differenzierung, Reifung, Altern und Tod.

Auf Grund der hohen Zielstrebigkeit, der wohldurchdachten Forschungsstrategie, dem unerhörten Tempo in der Vertiefung und Verbreiterung unserer Erkenntnisse auf entscheidenden Gebieten, die nicht zuletzt dem beträchtlichen Technisierungs- und Automatisierungsgrad biochemischer Laboratorien zuzuschreiben sind, ist in den nächsten Jahren mit wichtigen Beiträgen der Biochemie zur Lösung brennender Fragen der Menschheit zu rechnen. Dazu gehören die Erweiterung der Nahrungsquellen des Menschen, die Verhütung von Krankheiten und die Verbesserung ihrer Diagnostik und Therapie, die Ausnutzung biologischer Prinzipien in der Technik und vieles andere mehr.

Mit fortschreitender Erkenntnis auf dem Gebiet der Genetik und der sich am Horizont abzeichnenden Möglichkeit der gezielten Veränderung des Genotyps eines Organismus, auch dem des Menschen, etwa in Form einer Gentherapie bei angeborenen Stoffwechseldefekten, wächst gleichzeitig die Verantwortung des Wissenschaftlers gegenüber der menschlichen Gesellschaft und die moralische Verpflichtung, sein Wissen und Können ausschließlich zum Wohle und zum Gedeihen aller Menschen einzusetzen.

5. Sachregister

1/1. Elektronenmikroskopisches Übersichtsbild über eine Leberzelle. Z = Zellmembran, eR = endoplasmatische Reticulum (Ergastoplasma), M = Mitochondrien, m = microbody, G = GOLGI-Feld, Km = Kernmembran, N = Nucleolus. Gesamtvergrößerung 12000:1. Originalaufnahme Prof. Dr. H. DAVID

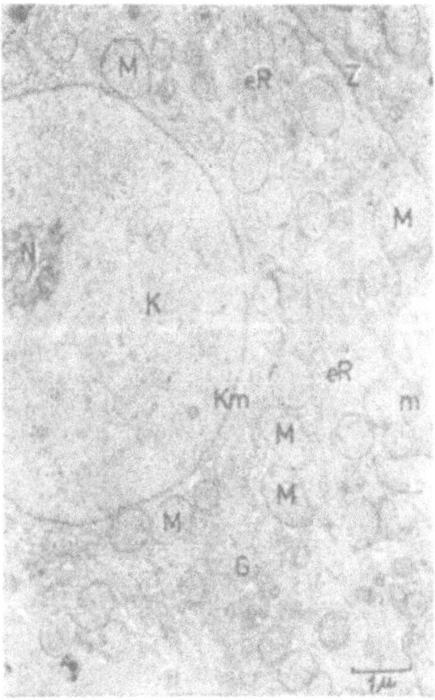

1/2. Elektronenmikroskopische Aufnahme einer Pflanzenzelle. n = Zellkern mit Kernhülle (nc) und Poren (nd), m = Mitochondrien, a = Amyloplast, ga = GOLGI-Apparat, er = endoplasmatisches Reticulum, beachte die Zellwand (W). W. G. WHALEY et al.; Am. J. Botany 47 (1960), 401

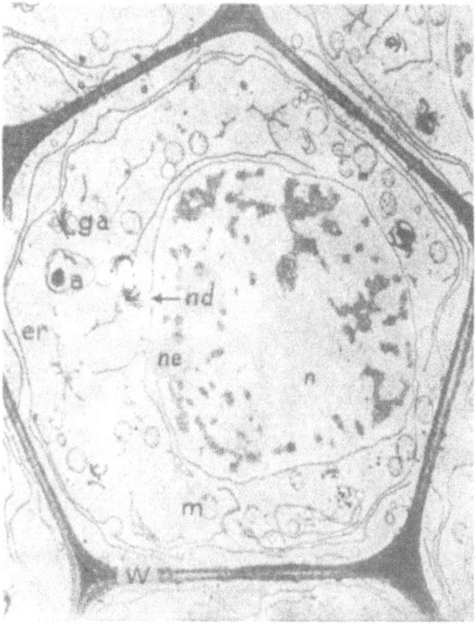

Tafel 2

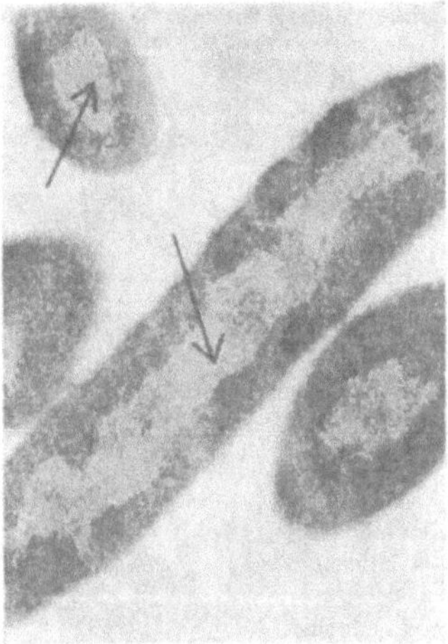

2/1. *Escherichia coli;* Fixierung nach KELLENBERGER, Einbettung in Vestopal. Endvergrößerung 62000; Zellkern (Kernäquivalente). Originalaufnahme Prof. Dr. K. ZAPF

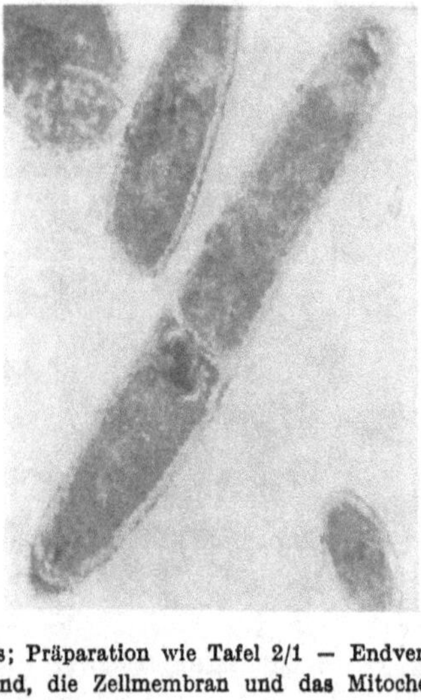

2/2. Bacillus subtilis; Präparation wie Tafel 2/1 – Endvergrößerung 40000; beachte die Zellwand, die Zellmembran und das Mitochondrienäquivalent. Originalaufnahme Prof. Dr. K. ZAPF

Tafel 3

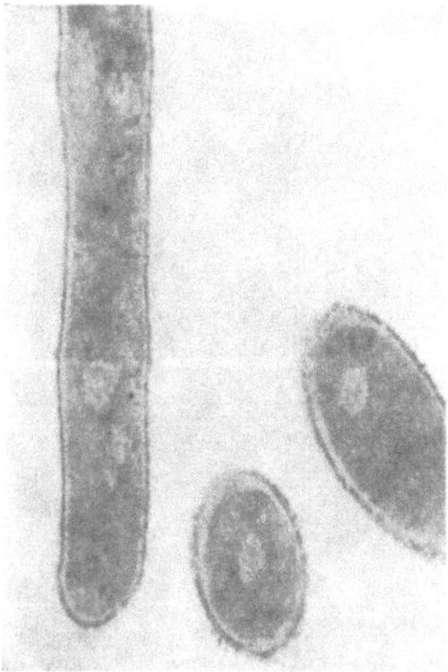

3/1. Bacillus subtilis; Präparation wie Tafel 2/1 – Endvergrößerung 44000. Besonders gut ist die unter der Zellwand befindliche 3schichtige Zellmembran zu sehen. Originalaufnahme Prof. Dr. K. ZAPF

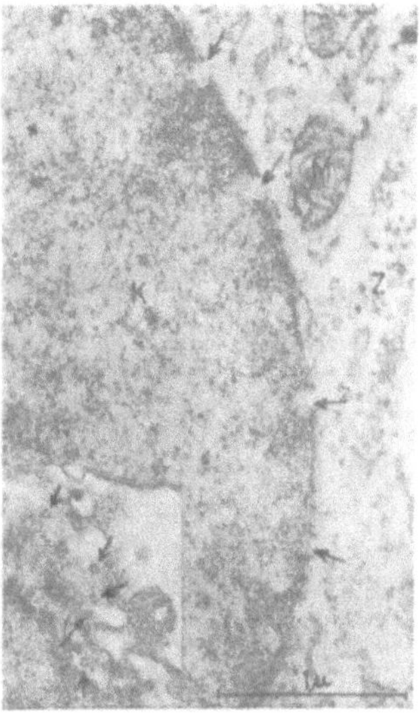

3/2. Ausschnitt aus einem Zellkern (K) mit zahlreichen Poren (↗) an der Kernmembran. M = Mitochondrien, Z = Cytoplasma, Gesamtvergrößerung 39000:1. Der Ausschnitt zeigt einen Tangentialschnitt durch die Kernmembran mit zahlreichen kreisrunden Poren (↗). Gesamtvergrößerung 25000:1. Originalaufnahme Prof. Dr. H. DAVID

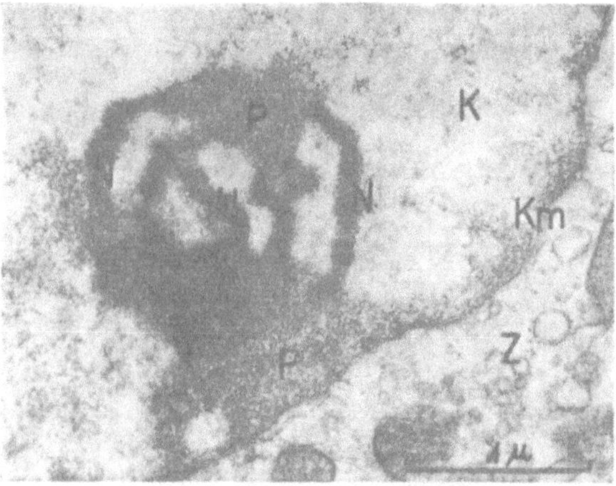

4/1. Der Kernmembran (Km) nahe gelegener Nucleolus (aus Nucleolonemata (N) und Pars amorpha (P) aufgebaut.) Der Granulastrom der Pars amorpha setzt sich bis zur Kernmembran fort. K = Kern, Z = Cytoplasma. Gesamtvergrößerung 26000:1. Originalaufnahme Prof. Dr. H. DAVID

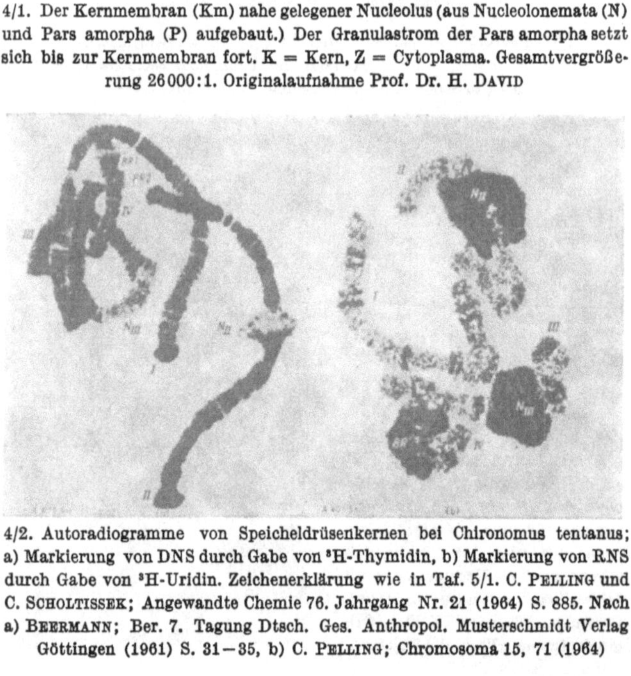

4/2. Autoradiogramme von Speicheldrüsenkernen bei Chironomus tentanus; a) Markierung von DNS durch Gabe von ^{3}H-Thymidin, b) Markierung von RNS durch Gabe von ^{3}H-Uridin. Zeichenerklärung wie in Taf. 5/1. C. PELLING und C. SCHOLTISSEK; Angewandte Chemie 76. Jahrgang Nr. 21 (1964) S. 885. Nach a) BEERMANN; Ber. 7. Tagung Dtsch. Ges. Anthropol. Musterschmidt Verlag Göttingen (1961) S. 31–35, b) C. PELLING; Chromosoma 15, 71 (1964)

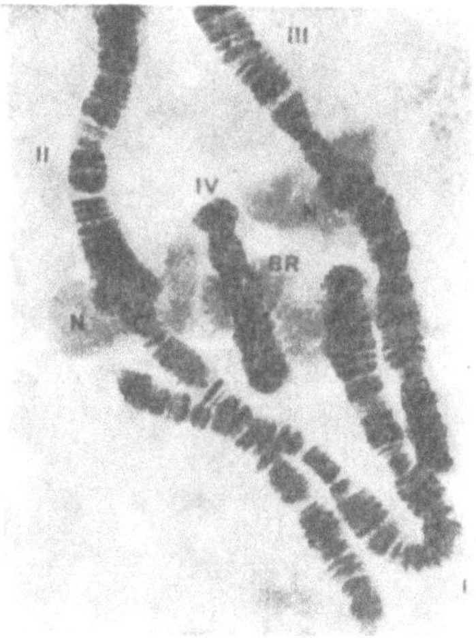

5/1. Riesenchromosomen (I, II, III, IV) aus der Speicheldrüse von *Chironomus tentans* mit Nucleoli (N), BALBIANI-Ring (BR), H. HARRIS; Endeavour Bd. XXIV, Nr. 91 (1965) S. 51

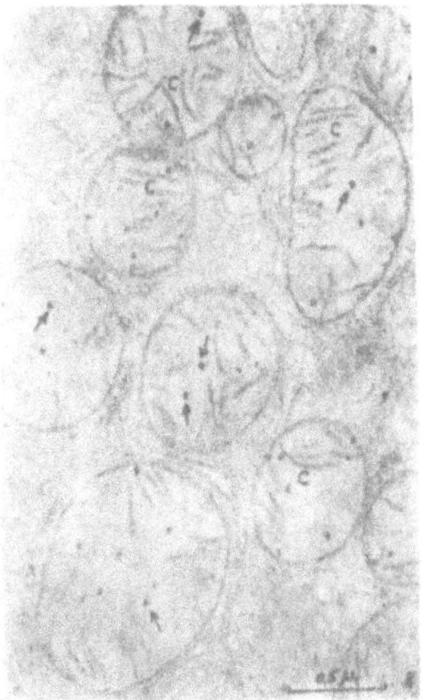

5/2. Mitochondriengruppe aus einer Leberzelle mit zahlreichen Cristae mitochondriales (c) sowie reichlich Mitochondriengranula (↗) in der Matrix mitochondrialis. Die Mitochondrien werden von einer teilweise gut erkennbaren Doppelmembran umgeben. Gesamtvergrößerung 40000:1. Originalaufnahme Prof. Dr. H. DAVID

Tafel 6

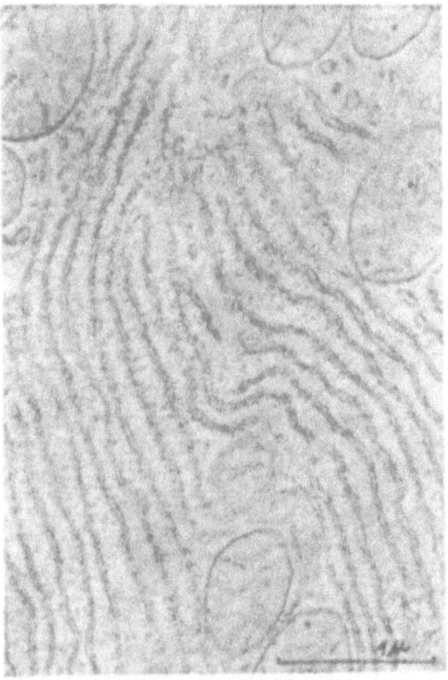

6/1. Lamelläres endoplasmatisches Reticulum der granulären Form (Ergastoplasma). Den Doppellamellen sind die etwa 140 A großen Ribosomen außen angelagert. Gesamtvergrößerung 30000:1. Originalaufnahme Prof. Dr. H. DAVID

6/2. Polysomen von Kaninchen-Reticulocyten. WARNER, RICH, HALL; Science 138 (1962) 1399

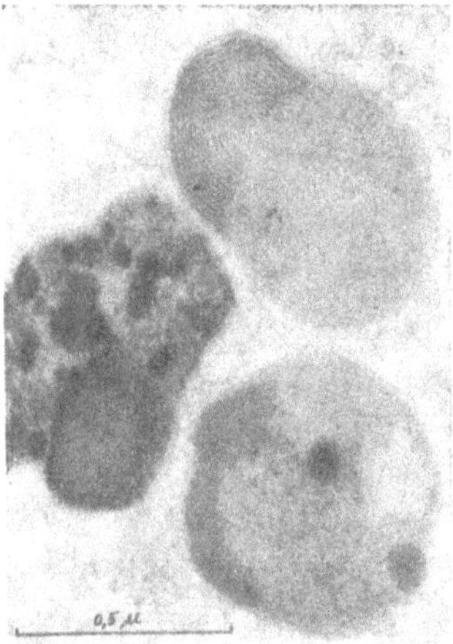

7/1. Lysosomengruppe aus einer Leberzelle. Der Aufbau der einzelnen Lysosomen ist sehr verschieden. Während zwei zum Teil aus parallelen Lamellen aufgebaut sind, besteht das dritte vorwiegend aus homogenen osmiophilen Körpern. Gesamtvergrößerung 80000:1. Originalaufnahme Prof. Dr. H. DAVID

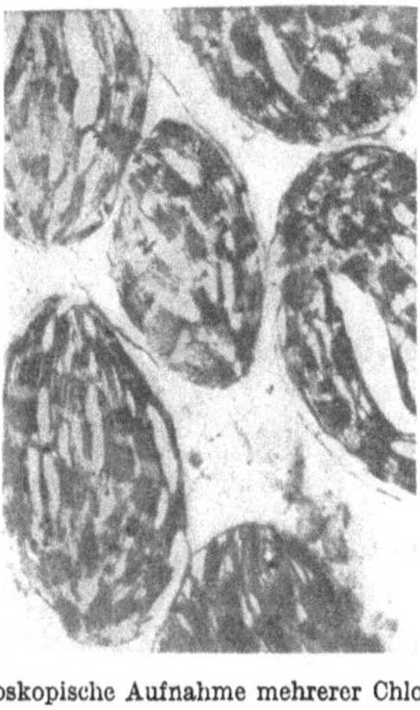

7/2. Elektronenmikroskopische Aufnahme mehrerer Chloroplasten von Elodea. Es sind zu erkennen: äußere (Doppel-)Membran, Doppellamellen und Grana K. MÜHLETHALER; Dtd. med. Wochschr. 85 (1960) 1063

Tafel 8

8/1. Pinocytose-Kanal bei *Amoeba proteus.* Elektronenmikroskopische Aufnahme mit Mikropinocytosebläschen und Mitochondrien in der Nähe des Kanals. CHAPMAN-ANDRESEN, NILSOW; Exp. Cell. Res. 19 (1960). 631–633

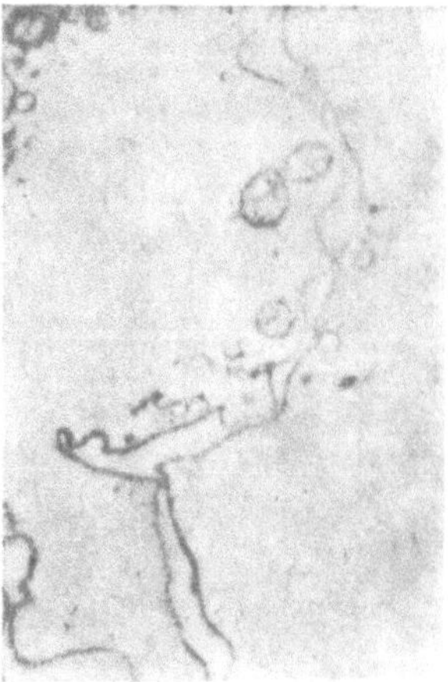

8/2. T_2-Phage mit entknäuelter DNS nach osmotischem Schock. KLEINSCHMIDT, LANG, JACHERTS, ZAHN; Biochimica et Biophysica Acta 61 (1962) 857–864

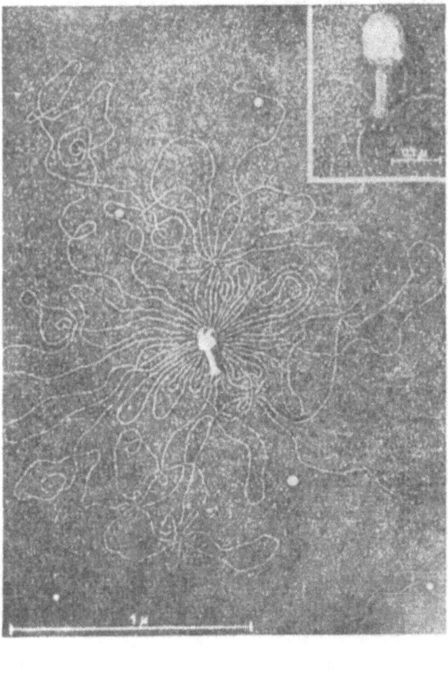

Der Autor

- **analysiert die Zusammenhänge zwischen Struktur und Funktion von Zellorganellen (Membranen, Zellkern, Mitochondrien, Ergastoplasma, Cytosol) und ihre gegenseitigen Verflechtungen im zellulären Stoffwechsel**

- **beschreibt die Mechanismen der biologischen Eiweißsynthese, sowie die Rolle der daran beteiligten informationsspeichernden und -übertragenden Makromoleküle DNS und RNS**

- **erörtert kritisch die Grunderkenntnisse der modernen Molekularbiologie hinsichtlich der Regulation des Zellstoffwechsels auf genetischer, epigenetischer und metabolischer Ebene**

- **wendet sich an Mediziner und Naturwissenschaftler, an die Studierenden der Medizin, Biochemie, Biologie, Veterinärmedizin, Chemie, Pharmazie und Landwirtschaft, sowie an Oberschullehrer**

WISSENSCHAFTLICHE TASCHENBÜCHER